二漁文化

低卡・快速・方便・美味

宵夜快樂

黃 筱 蓁

目錄

編輯室溫馨叮嚀

計量單位換算　　　　　　　1大匙＝3小匙＝15cc
1公斤＝1000公克　　　　　1小匙＝5cc
1杯＝240cc　　　　　　　　書中熱量標示為1人份

Chapter 3
半成品加工方便料理

戒不掉吃宵夜的習慣

　　我愛吃宵夜，這習慣是在投入服務業時才開始有的。因為工作的關係，大家的吃飯時間就是餐廳裡最忙碌的時段，二、三個小時忙完後，等到能坐下來喘口氣、喝喝水時，早已是過了晚上的八、九點了，也只有在這個時候，才能真正放鬆一下心情，祭祭自己的五臟廟，犒賞自己一天的辛勞。「宵夜」，就成為我最幸福的時刻。

　　變胖嗎？在一開始時的那幾個月，還真的沒什麼改變，但隨著年紀漸長、食慾愈養愈大，不太挑食的後果就是，代謝愈來愈差，體重計上的數字就像爬樓梯般只上不下的緩慢增加，直到讓人不得不去正視體脂肪過高的這個問題。決心戒掉啦！開始有少吃的念頭，但是餓肚子的下場是體力負荷不了，精神不繼和專注力不足。這時才回過頭，重新審視飲食習慣，從吃的內容物下手，自己動手下廚，或者透過市售現成品、冷凍微波食品稍微加工料理驚喜的創作。只要能夠符合「快速上桌」、「飽足感」「營養」的三大條件，依照每天可能

攝取較不足的蔬果，作適當加入補充，使營養更均衡，待調整一段時間後，健康指數才開始慢慢恢復正常。

　　很開心，能在這本書和你分享我的想法，食譜內容針對不同族群設計三大單元，包含：學會如何運用身邊方便取得的食材，依照自己的喜好，慢工細火準備的「300大卡不發胖料理」的低卡組合；還是短時間即可完成的「10分鐘營養均衡一鍋煮」，避免清洗過多鍋碗瓢盆，大火快煮熱呼呼的麵、粥、鍋物；或是超市、超商裡販售的冷凍微波食品，夜市的鹹水雞、各種滷味，花點巧思再變身成驚喜美味的「半成品加工方便料理」。

　　最後，希望能透過此書，帶給您新的想法和變化，讓宵夜內容物多些營養素；同時滿足吃宵夜的習慣，並照顧您和全家人的腸胃，且能維持不發胖的健康勻稱好身材。

黃筱蓁

Chapter 1

誰說減重不能享受美味，從「吃」開始大改造，只要慎選低熱量食材，學會飲食控制，降低卡路里的攝取；並透過蒸、煮、煎、烤方式，不僅能吃飽外，亦能維持好體態的低卡美味。

吃 對 食 物
維 持 輕 盈 體 態

低熱量食物介紹

依據衛生署的建議，每人每天所需的六大類食物分別為五穀根莖類、油脂類、蛋魚肉豆類、奶類、蔬菜類、水果類。每一類食物攝取標準如下：

蛋、豆、魚、肉類

主要提供蛋白質，每人每天建議量為**4**份，可以是一個蛋、一個豆腐、一份肉、一份魚。而紅肉類的豬、牛、羊最好是能去除表皮和肥肉部分，選擇全瘦肉部位才能降低熱量；營養師建議雞、鴨肉、魚肉去皮後再食用為佳，為低熱量的白肉；海鮮類中的海參、烏賊和蝦子都是低熱量食物，但後二者的高普林含量較高，有痛風、高血壓的患者就要避免。

五穀根莖類

主要供給醣類和蛋白質，因為每個人的體型、年紀及活動量的不同而有所差異，每天建議量為**3～6**碗。白米飯、麵食、地瓜等主食品，富含大量纖維質及維生素**B**群的複合澱粉，熱量相對也比較高，因此可以先將每天所需的**1/2**份量，以胚芽米、糙米、薏仁、小麥胚芽等全穀類食物替換；麵包類也可以五穀雜糧或全麥為主，麵食則用通心粉做的義大利麵取代，都能有效降低攝取熱量。

奶 類

包含牛奶、發酵乳、起司等奶製
品,含有豐富的鈣質及蛋白質,
每日建議量為**1~2**杯,盡量選擇
脫脂牛奶、低脂牛奶及低脂起司
片,其熱量比全脂牛奶低許多。

水果類

主要提供維生素、礦物質及纖維,每天建議量為**2**份,
選擇甜度低熱量低的水果,例如:芭樂、檸檬、葡萄
柚、西瓜,或膳食纖維、維生素含量高者,例如:蘋
果、奇異果、鳳梨、文旦等,皆是幫助腸胃消化的優良
水果。

油脂類

每天油脂攝取量建議**2~3**湯匙,
可以提供烹調時的油脂,並讓食
物美味。但因為飲食中的牛奶、
肉類及魚類已含有部分動物性油
脂,所以不建議額外攝取過多的
其他油脂量。

蔬菜類

主要提供維生素、礦物質及膳食纖維，每天建議量為**3**份。大部分蔬菜類所含的熱量都很低，但有幾種是被公認為，即使大量食用也不必擔心熱量太高的減肥聖品。例如：小黃瓜含有豐富的維生素**A**、維生素**B**、礦物質及膳食纖維等營養素，生吃口感清脆爽口；從營養學角度出發，黃瓜皮營養價值高，應該保留下來生吃，作為涼拌菜必須現做現吃，做好後長時間放置，很容易促使維生素損失。

蕃茄富含檸檬酸、蘋果酸，能分解體內脂肪以利減肥。芹菜可幫助潤腸通便，調節鈉鉀平衡，膠質性碳酸鈣則容易被人體吸收，芹菜葉所含的營養素比莖多，可以取較鮮嫩的部分涼拌或拌炒食用。竹筍具有低脂肪、低糖、多纖維的特點，能促進腸道蠕動，是天然的低熱量食品。杏鮑菇等菇類大部分含多種蛋白質、氨基酸、礦物質及維生素，營養價值高，吃多也不需擔心變胖，營養又健康，並可增強人體免疫力，是一種最天然的健康食材。而其他類的蔬菜，只要烹調方式得宜，都是熱量低的蔬菜。

低GI值食物

　　除了選擇低熱量食材外，營養師也開始宣導一般大眾多選擇日常生活中「低GI值」的食物。所謂GI值，即是營養學上所說的「升糖指數」（GI＝受試食物血糖面積／參考食物血糖面積），吃GI值較高食物，容易讓血糖上升較快，造成胰島素大量分泌，加速脂肪堆積。相反的，多吃低GI值食物，血糖上升較緩慢，胰島素分泌較為穩定，減少脂肪堆積，進而達到低熱量的健康飲食習慣。舉例來說；若是將主食從精製白米飯改成糙米或者五穀雜糧米，一樣能有飽足感，卻有相對高的纖維質和礦物質，又能減少熱量，增加腸胃蠕動的雙重好處。

聰明挑選宵夜食物

　　以醫師和營養師的角度來看，吃宵夜的確是不好的習慣，因為沒有足夠時間消化，容易造成腸胃的負擔；更有可能在入睡後代謝的熱量，直接就轉換成脂肪儲存在身體裡，自然是健康的慢性殺手。可是，現在的上班族和學生，因為工作或課業、生活作習較晚，造成宵夜難以避免，如何聰明地挑選對的食物吃，就顯得更重要了。不論如何，盡量晚上12點前吃完，吃完後至少隔1～2小時再就寢，讓腸胃有消化時間，且慎選食物種類和烹調方式，你也可以吃得開心，吃得健康。

開心吃宵夜重點

　　你應該和我有相同的看法，只要有吃宵夜的習慣，伴隨而來的可能就是肥胖上身，所以晚餐盡可能早一點吃，然後餓著肚子上床，偶爾把持不住空氣裡飄出的陣陣香味，大口大口的把美食往嘴裡放的同時，卻有著很深的罪惡感。宵夜不是不能吃，只要把握以下幾個重點，依然可以食用。

控制300大卡熱量

首先嚴格控制熱量，營養師建議宵夜熱量最好是低於**300**大卡的食物，纖維質高的穀類，例如：糙米、燕麥；糖分低的水果，例如：蘋果、芭樂及大部分蔬菜。所以像口味清淡的五穀糙米的粥品，不佐過量醬汁的生菜沙拉，都是熱量較低又有飽足感的食物。

慎選烹煮方式

以低鈉、低鉀和低脂肪的料理方式為主，如水煮、輕蒸、涼拌、燉或滷方式烹調，自然會比油炸、燒烤、油煎法所攝取的熱量來得低。

慢慢吃可避免過量

最後是吃下肚的質和量，市售宵夜，其熱量和鈉含量可能偏高，需另外準備新鮮的蔬菜和水果混合搭配著吃，則能避免一不小心過量所造成的不良後果。如果只是嘴饞，就要準備一個空碗或空盤先裝好想吃、能吃的份量，吃慢一點，就能清楚自己到底吃下了多少，若這餐吃過多，就要在下一餐減少份量，並搭配適量運動來消耗這些熱量。

低熱量的烹調原則

慢性疾病和飲食有關

　　目前是追求快速的社會型態，忙碌的生活漸漸成為生活的一部分，以目前國人前十大疾病死亡原因，除了意外傷害外，早已從急性傳染病轉變為慢性疾病，其中又以癌症、腦血管疾病、心臟病、糖尿病等名列死亡原因前幾項，當中和平時飲食習慣、攝取的營養內容有絕大部分關係。如果平日飲食都靠三明治、便當來果腹，則高油、高鹽和高熱量就如影隨形的讓個人健康亮起紅燈。那麼，到底該怎麼吃呢？如何在每餐食物裡減少熱量的攝取，又能滿足每天所需的營養素，在食材選取方面就得多方注意。

健康烹調方式

食材盡量以涼拌、水煮、蒸、燜、燉等方式烹調，盡量少用油煎、炒、炸來處理。多利用蘋果、蕃茄、檸檬等天然水果增加料理的酸度；以洋蔥、蒜、薑、蔥來變化食物的風味；米酒、枸杞、八角、海帶加入青菜拌炒或煮湯，都能取代鹽的用量。拌炒或煎製時，請以不沾鍋烹煮，將能減少油的使用量；調味時少鹽、少使用人工調味料，以胡椒粉、咖哩粉等天然辛香料調味，也能兼具料理的色、香、味。

少鹽少油少糖飲食習慣

對於三餐都靠外食打發的人來說，選項不外乎便當、中西式速食、涮涮鍋、自助餐、便利商店即食食品等，往往在不知不覺中吃進了「多油、多鹽、多糖」的食物，而導致健康亮起紅燈。建議在用餐時，多留意食物烹調方式，選擇清淡、不油炸、勾縴少一些的菜色為宜；若無法避免，則可以利用熱湯過水去油一下食物後再食用；挑選燙青菜類，建議減少肉臊或滷肉汁的量；或是火鍋沾料以新鮮辛香料佐醬油，而不加沙茶醬或花生粉；以無糖茶或開水取代手搖飲料等，都能減少鹽、油、糖量的攝取。

多吃蔬菜水果

唯有增加每餐的蔬菜、菇類、水果等熱量較低的份量，選擇較深顏色的蔬果（深綠、橙色或黃色），因為它們大部分屬於低**GI**的食物，維生素、膳食纖維較高，若能先吃蔬菜以增加飽足感，也不會吃進過多澱粉類食物。而烹調所加的油脂或調味料都有熱量，所以盡可能酌量使用；若買到有機蔬菜，建議可直接作為涼拌沙拉。

減少脂肪攝取

許多人只以為炸雞、薯條、燒烤是高熱量、高油脂的食物。其實像以水煮的火鍋料，清蒸的珍珠肉丸和醃漬的培根、香腸，這些都是含油量高、熱量亦高的半成品，盡量少吃。紅肉類的豬、牛、羊肉，盡量食用全瘦肉部分，將能降低熱量；雞、鴨肉類能去皮最好；內臟、翅膀、爪子等部分，脂肪含量較高，有三高疾病者最好遠離，再加上肉類食物停留在胃的時間較長，需要較多的消化酵素。記得要搭配適量鳳梨、奇異果、木瓜等，含有較多蛋白質分解酵素，可減輕胃的負擔；或者像納豆、起司、味噌、泡菜等發酵食品，因為含有能分解脂肪的酵素脂解酶，同樣能幫助消耗人體上的脂肪轉換成肌肉。

蔬菜糊塌子

份量｜ **2** 人・熱量｜ **199**大卡

材料

A

芹菜葉**30g**

紅蘿蔔絲**60g**

蔥末**20g**

香菜末**20g**

B

雞蛋**1**個

中筋麵粉**70g**

調味料

A

醬油膏**1**大匙

黑醋**1**大匙

蒜末**1/2**小匙

辣椒末**1/2**小匙

香油**1/2**小匙

冷開水**1**大匙

B

香油**1**小匙

鹽**1/2**茶匙

胡椒粉少許

C

水**100cc**

Tips

糊塌子是老北京的傳統鹹點，使用簡單的食材節瓜絲、蛋和麵粉拌勻煎成小餅，搭配粥品食用，這道食譜則是用其他蔬菜來變化，非常適合在晚上不是很餓又想解饞時最佳選擇。

蔬菜可以當季蔬菜替代，較有澀苦味的高麗菜，需先用鹽去澀味出水後再加入麵糊中；較易出水的菠菜，則需先汆燙瀝乾水分後再拌入麵糊，才不會影響麵皮口感。

麵糊可以加入個人喜好的食材作變化，例如：火腿絲、鮪魚罐頭等。

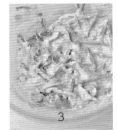

作法

1　將所有調味料**A**一起拌勻為醋醬油備用。

2　芹菜葉洗淨，放入攪拌盆，加入其他材料**A**、調味料**B**拌勻（圖**1**），再加入材料**B**及一半水拌勻（圖**2**），視麵糊稠度加入剩餘水，直至麵糊呈濃稠且沒有顆粒狀即可（圖**3**）。

3　以廚房紙巾沾少許油均勻擦拭不沾鍋，以微火加熱，倒入麵糊，以湯匙鋪平整（圖**4**），再轉小火煎至兩面熟且呈微金黃色即可取出（圖**5**）。

4　將煎餅放在砧板上，切成小塊，食用時沾少許醋醬油即可。

桔醬燒豚串

份量｜ **2** 人 · 熱量｜ **220** 大卡

材料

A
小蕃茄 **10** 粒（約 **90g** ）
豬五花肉片 **120g**

調味料

A
金桔 **300g**
水 **500cc**
細砂糖 **200g**
B
鹽 **1** 小匙
醬油 **1** 小匙
C
胡椒鹽少許
檸檬角 **2** 個

作法

1　金桔洗淨後以熱水浸泡約 **30** 秒，去表皮刺激澀味，切對半後去籽，與水和細砂糖放入湯鍋，以小火煮 **30** 分鐘後熄火待降溫。

2　將作法 **1** 材料放入食物調理機攪打成泥，加入調味料 **B** 續煮至滾沸後熄火，即為桔醬。

3　小蕃茄洗淨，在底部劃十字刀紋，放入滾水汆燙 **15** 秒，取出後放入冷水，去外皮後瀝乾水分備用。

4　將五花肉片平鋪於砧板上，撒上胡椒鹽，將已去皮的小蕃茄放在肉片上，捲好，並以竹籤固定。

5　不沾鍋以小火加熱，將肉串放入鍋中，並蓋上鍋蓋，煎 **3** 分鐘，再翻面續煎 **2** 分鐘至熟即可盛盤，淋上數滴桔醬即完成。

Tips

豬肉串直接放入不沾鍋，在加熱過程中可以將油脂逼出；若喜歡酥脆口感，可以在快完成前將火候調大，讓表面焦黃。

搭配微酸的金桔醬汁，既可以讓豬肉吃起來更爽口，也能帶出肉汁的甜味。即使不沾佐料，只撒點玫瑰鹽和檸檬汁，味道一樣迷人。

桔醬最適合當水煮雞肉或豬肉的佐料，做好的醬料放涼後，以密封罐裝好後放入冰箱，可以保存 **1** 個月。

材料

A

綠豆粉皮2片（約250g）

雞胸肉120g

小黃瓜1條（約70g）

紅蘿蔔30g

調味料

A

蒜末1小匙

芝麻醬1大匙

辣油1大匙

檸檬汁1大匙

冷開水2大匙

細砂糖1大匙

花椒粉1/2小匙

醬油1小匙

作法

1 所有調味料A拌勻即為酸辣醬汁。

2 小黃瓜與紅蘿蔔洗淨，切細絲過冰水後瀝乾，盛盤，放入冰箱冷藏備用；綠豆粉皮洗淨切粗絲；雞胸肉洗淨，備用。

3 煮一鍋滾水，放入綠豆粉皮絲過熱水，拌開後即可取出，再放入冰開水冰鎮冷卻，瀝乾水分，與小黃瓜絲、紅蘿蔔絲一起混合拌勻備用。

4 雞胸肉放入鍋中，以中火煮8～10分鐘（依雞胸肉厚度而調整時間），取出後放入冰開水中冷卻，待不燙手時，用手撕成細絲，放在粉皮小黃瓜絲上。

5 淋上一半醬汁即完成，剩餘一半醬汁可以依個人喜好添加。

Tips

醬汁先加入一半量，是因為調味後的小黃瓜會出水，使醬汁味道變淡，所以拌勻後先試一下味道，再決定是否需要加入剩下的醬汁。

綠豆粉皮需在較大市場專賣豆乾豆腐的攤位才有販售；若無法取得，可以用寬板的綠豆粉條取代，在放入熱水煮時，需充分煮熟後再放入冰開水冰鎮冷卻。

川味雞絲拉皮   份量｜2人・熱量｜126大卡

普羅旺斯醬魚片

份量 | **2**人・熱量 | **286**大卡

材料

A

魴魚片**1**片（約**250g**）

洋蔥**100g**

青椒**50g**

茄子**1**條（約**120g**）

牛蕃茄**2**個（約**200g**）

B

新鮮巴西里**10g**

蒜末**1**大匙

調味料

A

橄欖油**2**大匙

高湯**100cc**

鹽**1/2**小匙

胡椒鹽少許

Tips

普羅旺斯醬是普羅旺斯燉菜的變化，平時可以多燉一些份量，放涼後分裝於保鮮盒，冷藏可以保鮮 5 天，冷凍可以保鮮 2 個星期。除了當炸雞翅、煎豬排的佐醬外，加點高湯煮麵條和肉片，都能在很短的時間內準備上菜。

作法

1　洋蔥去外皮後洗淨；青椒洗淨；茄子和牛蕃茄去蒂頭，洗淨，將以上蔬菜全部切成**1**公分小丁（圖**1**）；巴西里洗淨切細碎，備用。

2　不沾鍋以小火加熱，倒入橄欖油，放入蒜末及洋蔥丁，一起翻炒至蒜香味釋出，再加入蕃茄丁、青椒丁和茄子丁（圖**2**），以中火拌炒至食材熟軟出水。

3　再加入高湯和巴西里，煮沸後轉微小火續煮**10**分鐘（圖**3**），加入鹽調味即完成普羅旺斯醬。

4　煮一鍋滾水，放入洗淨且切粗長條的魴魚片（圖**4**），當水再次滾沸後，續煮**5**分鐘即可熄火。

5　取一個平盤，盛裝煮熟的魚片，舀入適量普羅旺斯醬，撒上胡椒鹽於魚片上即可。

1

3

2

4

繽紛義式冷麵

份量｜**2**人・熱量｜**283**大卡

材料

A
天使麵**90g**
花枝**50g**
洋蔥**30g**
黃甜椒1/4個（約**30g**）
蕃茄**1**個（約**100g**）
蘆筍**2**支（約**20g**）
B
松子少許

調味料

A
蒜末**1**小匙
橄欖油**2**大匙
鹽**1**小匙
檸檬汁**1.5**大匙
胡椒粉少許

作法

1　花枝洗淨，在表面切十字花紋後切小片；蘆筍洗淨，尾部以削刀去除較老外皮，切小段，備用。

2　洋蔥洗淨後切碎細；蕃茄洗淨，去蒂頭後切小丁；黃甜椒切小丁，以上三項蔬菜與調味料**A**一起放入大碗拌勻即為涼麵醬汁。

3　將天使麵放入滾水煮**9**分鐘，再放入花枝及蘆筍和天使麵一起煮滾，約**40**秒即可取出，放入冰開水冰鎮，充分瀝乾水分後放入大碗。

4　將已調勻的醬汁倒入作法**3**拌勻，再夾入平盤上，最後加入松子即完成。

Tips

天使麵條較細，拌入醬汁時較容易吸附且入味；亦能使用其他麵條替換，並依個人喜好調整酸度或鹹度。

材料

A

全麥餅皮2張

苜宿芽50g

紫色美生菜50g

美生菜50g

草莓6個（約100g）

B

柳丁1/2個（約60g）

葡萄乾1大匙

調味料

A

優格1盒（約200g）

作法

1 苜宿芽、所有美生菜、草莓洗淨，全部過冰開水冰鎮，分別瀝乾水分。將美生菜切細絲；草莓對切，備用。

2 柳丁剝去外皮，洗淨，將果瓣的外薄膜去除，留果肉備用。

3 不沾鍋無油狀態，以微火加熱，放入全麥餅皮煎至兩面呈酥黃上色後取出，平鋪於盤上，鋪上適量苜宿芽、美生菜、草莓、葡萄乾，包捲成長條，再切成小段盛入盤中。

4 柳丁果肉剝開，和優格拌勻為佐醬，即可搭配全麥卷一起食用。

蔬菜卷佐鮮果優格　份量｜2人・熱量｜210大卡

Tips

餅皮可以用墨西哥餅皮或春卷皮替換，以方便取得為原則；包入的蔬果則可依個人喜好取代，沾醬亦能以和風口味或千島醬替換，既簡單又健康。

菠菜腐皮卷

份量｜ **2** 人・熱量｜**172**大卡

材料

A
白菜葉**4**片（約**100g**）
菠菜**100g**
豬肉片**150g**
腐皮**4**張
B
蒜泥**1/2**大匙
薑泥**1/2**大匙
C
蔥花**1**小匙

調味料

A
水**1**杯
醬油**1**小匙
B
義式香料粉**1/2**小匙
鹽**1/2**小匙
C
太白粉**1/2**小匙
香油少許

Tips

腐皮可以煎酥香的蛋皮取代，蛋香能讓白菜更入味好吃。

完成的白菜卷除了羹汁調味外，也可以選擇書中示範的酸辣醬汁（p19）或腐乳醬汁（p27）作為沾醬。

白菜卷放入火鍋，當作火鍋料食用，擁有一番獨特滋味。

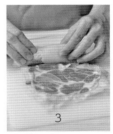

作法

1 白菜葉及菠菜葉分別洗淨，煮一鍋水至滾，將白菜梗放入滾水先汆燙**4**分鐘，再將整片葉子與菠菜一起泡入熱水，汆燙**1**分鐘即可取出放涼。

2 將已燙軟的兩片白菜葉鋪平，先鋪上腐皮（圖**1**），再依序鋪上一半量的豬肉片、一半量的菠菜（圖**2**），再捲成長條（圖**3**），另一份也照此步驟完成。

3 將調味料中的水倒入不沾鍋，加熱至滾，放入白菜卷，加入材料**B**、醬油（圖**4**），以中火煮滾後，轉小火續煮**5**分鐘至白菜卷軟熟（圖**5**），取出後放於砧板，切成小段，再盛入盤中，撒上蔥花。

4 將調味料**B**加入作法**3**煮汁中煮滾，太白粉與少許水調開後倒入鍋中勾薄羹，起鍋前滴入香油，淋於白菜卷上即完成。

泰式鮮蔬沙拉

份量 | **3** 人 · 熱量 | **98**大卡

材料

A

蝦子**4**隻（約**100g**）

透抽**1**隻（約**200g**）

小蕃茄**5**個（約**60g**）

玉米筍**3**支（約**30g**）

紅蔥頭**2**個（約**10g**）

洋蔥**30g**

小黃瓜**20g**

B

蒜末**1**小匙

辣椒末**1**小匙

調味料

A

檸檬汁**2**大匙

細砂糖**1**大匙

魚露**1**大匙

醬油**1**大匙

白醋**1**小匙

作法

1　調味料**A**和蒜末、辣椒末先拌勻為醬汁備用。

2　蝦子剝去外殼，去腸泥後洗淨，對切成兩片；透抽去除外表薄皮，洗淨切細圈，備用。

3　玉米筍洗淨，對切成兩半；蕃茄洗淨對切；紅蔥頭、洋蔥去表皮，洗淨後切細圈；小黃瓜洗淨表皮，切薄片，過冰開水後瀝乾水分，備用。

4　依序將蝦子、透抽及玉米筍放入滾水汆燙，當水再次滾沸後**30**秒，可將所有食材撈出，過冰開水冷卻後瀝乾水分，盛入大碗，倒入醬汁一起拌勻即完成。

Tips

泰式沙拉要好吃，醬汁是整道菜的主要靈魂，食材可以依個人喜好替換，拌勻的沙拉要趁新鮮食用完畢，當放置時間一久，會因為蔬菜出水容易走味變差。

材料

A

海參**300g**

秋葵**100g**

娃娃菜**70g**

B

薑片**5g**

調味料

A

豆腐乳**50g**

醬油**2大匙**

冷開水**4大匙**

柴魚粉**1/2小匙**

作法

1 海參剪開，仔細清洗腹內腸泥，切粗塊；秋葵和娃娃菜洗淨，以上食材備用。

2 所有調味料**A**拌勻即為腐乳醬汁。

3 取一鍋水，放入薑片、娃娃菜，以中火煮滾，再放入海參及秋葵，續煮**5**分鐘即可熄火。

4 將作法**3**食材取出，放入冰開水冰鎮，瀝乾水分後盛盤，淋上醬汁或當作沾醬一起食用即可。

腐乳涼拌海參

份量｜ **2** 人・熱量｜**107**大卡

Tips

海參是高蛋白、低脂肪、低膽固醇的食材，對高血壓、高脂血症和冠心病患者特別適合，通常以濃郁湯汁煨出鮮味而增加許多熱量，所以本道食譜換較清爽的烹調方式，更符合現代人追求健康的需求。

豆腐乳醬汁的份量可以依照個人喜好增減，與食材一起拌勻更能入味。

吐司香鬆塔

份量 | **3** 人 · 熱量 | **287**大卡

材料

A

雞胸肉**140g**

青豆仁**100g**

蛋豆腐**1/3**個（約**100g**）

雞蛋**1**個

蔓越莓乾**1**大匙

白吐司**3**片

調味料

A

沙拉油**1**大匙

B

鹽**1/2**小匙

雞粉**1/2**小匙

胡椒粉**1/2**小匙

Tips

剩下未用完的餡料可以直接當下酒菜配著吃，隔餐食用時，只要鋪在白飯上一起蒸熱，就能輕鬆變化口味；或另外撒上適量起司絲焗烤。

作法

1 烤箱以**120**℃預熱**10**分鐘備用。

2 雞胸肉洗淨，切成小碎丁；青豆仁洗淨，切碎；蛋豆腐切小丁；蛋打散成蛋汁，以上食材備用。

3 吐司去邊，周邊切十字（圖**1**），壓入有凹槽的烤模，當底座呈杯子狀（圖**2**）；白吐司邊剪成小丁，備用。

4 將沙拉油倒入不沾鍋，以大火加熱，倒入蛋汁，以竹筷快速拌煎成碎蛋後，倒在平盤上。

5 將煎過蛋的不沾鍋置於轉小火的爐子上加熱，加入雞肉碎及青豆仁碎拌炒均勻，同時將吐司杯及吐司丁放入烤箱，烤**3**～**5**分鐘至微金黃，取出。

6 再將蛋豆腐丁放入平底鍋，加入雞肉碎、調味料**B**（圖**3**），繼續以中火拌炒均勻即可熄火。

7 最後加入烤過的吐司邊丁及蔓越莓乾拌勻（圖**4**），再舀適量餡料入吐司杯即完成（圖**5**）。

3

1

4

2

5

山珍海味

份量｜ **2** 人．熱量｜**238**大卡

材料
A
山藥**150g**
蝦仁**120g**
小豆苗**50g**
黑木耳**50g**
B
薑末**1**小匙

調味料
A
全麥麵粉**80g**
鹽**1/2**小匙
B
七味粉**1/2**小匙
胡椒鹽適量

作法

1 蝦仁去腸泥，洗淨切細末；小豆苗剪去根部較粗纖維的部分後洗淨；黑木耳洗淨切細碎，備用。

2 山藥刨去外皮，洗淨後以研磨器磨成泥，倒入大盆，加入過篩的全麥麵粉、鹽、蝦仁末、薑末及黑木耳碎一起拌勻，視需要調入適量水，讓麵糊能輕輕拉起時會慢慢滑下呈濃稠狀態即可。

3 煮一鍋水至滾沸，用湯匙舀適量麵糊滴入沸水裡形成麵疙瘩，待全部麵疙瘩加入鍋中並煮沸，加入調味料**B**拌勻，加入小豆苗拌勻即熄火。

Tips

蝦仁及山藥本身有淡淡鹹味，所以鹽的使用量需酌量添加。

煮熟的麵疙瘩撈出後，可以淋上另外煮滾的蔬菜湯料，或放入火鍋取代麵類主食，這些都是很健康的搭配方式。

材料

A
毛豆仁**100g**
芹菜**50g**
紅蘿蔔**50g**
香菜**20g**
五香豆乾**5**個（約**100g**）
乾香菇**4**朵（約**20g**）
B
蘿美生菜**4**片（約**60g**）

調味料

A
黑麻油**1**大匙
米酒**1**大匙
B
鹽**1/2**小匙
香菇風味粉**1/2**小匙
五香粉**1/2**小匙

作法

1　乾香菇洗淨，放入小碗，以適量水泡軟後切細末備用。

2　毛豆仁、芹菜、紅蘿蔔、香菜、豆乾分別洗淨，切小細丁；蘿美生菜洗淨後，以冰開水冰鎮，備用。

3　將黑麻油倒入不沾鍋，以小火加熱，放入香菇末及豆乾丁爆香，再加入毛豆仁及紅蘿蔔丁拌炒均勻，加入米酒續炒**3**分鐘，再放入芹菜、香菜末，加入調味料**B**炒勻，待收乾湯汁即可熄火。

4　蘿美生菜瀝乾水分，將炒好的素菜鬆置於生菜上，食用時包裹著吃即可。

香素菜鬆　　份量｜**2**人・熱量｜**266**大卡

Tips

可以將蘿美生菜剝成小段，與素菜鬆拌勻變成素沙拉。

剩下的素菜鬆可與蛋汁、白飯一起拌炒成為素香炒飯。

活力飯糰

份量 | **2**人·熱量 | **295**大卡

材料

A

鮭魚**150g**

熱白飯**200g**

熟玉米粒**30g**

蔥花**2**大匙

鮭魚卵**1**大匙

調味料

A

醬油**1**小匙

海苔香鬆**1**小匙

B

胡椒鹽**1**小匙

Tips

三角飯糰也可以放入不沾鍋，以小火加熱煎2分鐘讓飯糰表面酥香，類似鍋巴般的微硬口感；或用大片海苔包覆後一起吃，別有一番滋味。

一定要使用熱白飯，是因為在拌料時較容易均勻入味；冷飯則易結成團且拌不均勻，其口感也較差。

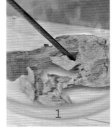

作法

1 將胡椒鹽均勻塗在已洗淨的鮭魚表面，靜置**10**分鐘讓魚肉入味，再放入不沾鍋，以無油微小火煎至表面上色後翻面，大約每面煎**4～5**分鐘至熟，盛出備用。

2 取一個大碗，放入煎熟的鮭魚，以筷子剝開魚肉（圖**1**），有魚刺請取出，有魚皮可以用剪刀剪碎，加入熱白飯、玉米粒、蔥花和調味料**A**，以飯匙充分拌均勻（圖**2**）。

3 再倒入鮭魚卵輕輕拌開（圖**3**），填入三角飯糰盒（圖**4**），蓋上上蓋，向下壓緊實即可脫模（圖**5**、**6**）。

蟹肉蛋沙拉握壽司

份量 | **2**人 · 熱量 | **295大卡**

材料

A

蟹肉條**100g**

白飯**90g**

B

小黃瓜**2**條

水煮蛋**1**個

調味料

A

檸檬汁**1.5**小匙

蜂蜜**1**小匙

芥末醬**1/2**小匙

低脂沙拉醬**1**大匙

鹽**1/2**小匙

Tips

刨小黃瓜片時，前面二、三片因為寬度不夠，可以留下來切成細絲拌在沙拉裡。

橢圓形的白飯高度一定要低於小黃瓜片，這樣才有空間放入足夠的蟹肉蛋沙拉。

剩下的蟹肉蛋沙拉，可以裝入保鮮盒密封，再放入冰箱保存，賞味期限約三天，做成早餐三明治或生菜沙拉的佐料都很美味。

作法

1 取兩張廚房紙巾，平鋪於熟食砧板上，以冷開水沾濕表面備用。

2 小黃瓜洗淨後，去頭尾，以刨刀刨成長條片共**10**片，再平鋪在濕透的紙巾上。

3 將水煮蛋及剩餘的小黃瓜切成細絲（圖**1**），與調味料一起放入大碗裡；蟹肉條以冷開水沖一下表面後放入大碗，加入調味料**A**，一起拌勻即為蟹肉蛋沙拉（圖**2**）。

4 洗淨雙手，將白飯分成**10**等份，再分別捏成握壽司的橢圓形狀（圖**3**）。

5 分別以小黃瓜片包圍白飯成軍艦壽司狀（圖**4**），再放入適量蟹肉蛋沙拉即完成（圖**5**）。

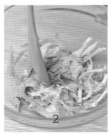

日式五目拌飯

份量 | **3** 人 · 熱量 | **299**大卡

材料

A

豬瘦肉片**105g**

透抽**150g**

豌豆**5**片（約**20g**）

雞蛋**1**個

白飯**240g**

B

紅蘿蔔**30g**

鮮香菇**50g**

蓮藕**100g**

豆皮**15g**

調味料

A

醬油**1**大匙

味醂**1**大匙

細砂糖**1**小匙

香油**1**小匙

鹽**1/2**小匙

B

柴魚片**5g**

作法

1　紅蘿蔔去皮，洗淨後切片狀；鮮香菇去梗，洗淨後切粗片狀；蓮藕以毛刷清洗表皮沾附的雜質，切粗片；豆皮洗淨切小塊；豌豆去粗纖維對切，備用。

2　取**1**杯水倒入湯鍋，煮滾後熄火，放入柴魚片浸泡**5**分鐘，取出柴魚片，加入調味料**A**、材料**B**，以小火煮**10**分鐘。

3　雞蛋打散，以不沾鍋煎成薄蛋皮，放涼後切細絲備用。

4　透抽洗淨切粗絲，與肉片放入作法**1**湯鍋一起煮沸，加入碗豆段，拌勻即為餡料，熄火。

5　取一個攪拌盆，倒入加熱過的白飯和煮熟的肉片、餡料，以飯匙拌均勻，鋪上蛋絲即完成。

Tips

只要使用各種顏色的當季食材與米飯炊煮或拌入，都能稱為「五目飯」。單做主食時，鹽的份量可以依個人口味增加，若搭配其他配菜時，就可以減少鹹度。

沒吃完的拌飯，可以用保鮮盒裝好後放入冰箱，隔餐以微波爐加熱與肉鬆捏成飯糰，或加入其他食材拌炒變身為什錦炒飯，淋上熱呼呼的湯汁成為日式泡飯，讓餐餐有變化。

材料

A

杏鮑菇1支（約120g）

鮮香菇5朵（約100g）

白玉菇1包（約150g）

秀珍菇100g

洋蔥50g

青椒80g

全麥吐司2片

調味料

A

低脂牛奶300cc

水1杯

B

無鹽奶油1小匙

黑胡椒粉適量

鹽1/2小匙

雞粉1/2小匙

作法

1 以120℃將烤箱預熱10分鐘備用。

2 青椒洗淨後切細丁；杏鮑菇、鮮香菇、白玉菇、秀珍菇、洋蔥全部洗淨，分別切細絲，放入小湯鍋，倒入水和牛奶，以中火加熱，備用。

3 全麥吐司切長條，表面塗上奶油，撒上適量黑胡椒粉，放入烤箱烤5分鐘至表面呈金黃色即可取出。

4 湯汁煮沸時先轉小火，加入鹽及雞粉調味後續煮3分鐘使其入味後，加入青椒拌勻即可熄火，降溫。

5 將作法4材料倒入食物調理機，攪打數秒呈細碎狀，再開小火煮至滾沸即可熄火，食用時可以依個人喜好添加黑胡椒粉，並以烤入味的吐司條搭配即完成。

田園鮮菇湯

份量｜2人・熱量｜296大卡

Tips

可以用食物調理機調整湯品口感，攪打時間長則湯汁細緻綿密；反之，攪打時間較短，則能保留菇類的咀嚼感。

食譜中所選用的菇類品種可以依個人喜好或取得方便替換，但一定要使用3種以上才能讓湯品呈現豐富多層次口感。

養生鮮蔬煲粥

份量 | **3** 人 · 熱量 | **206**大卡

材料

A
紅蘿蔔**150g**
白蘿蔔**150g**
牛蒡**100g**
乾香菇**5**朵（約**25g**）
糙米**1.5**量米杯

調味料

A
雞高湯**3**杯
水**2**量米杯
鹽**1**小匙

作法

1　糙米洗淨，以調味料**A**中的**2**杯量米杯水浸泡**1**小時；乾香菇洗淨後泡水至軟，備用。

2　紅蘿蔔、白蘿蔔去表皮，洗淨切大塊；牛蒡以刀背刮除表皮，洗淨後以滾刀方式切角塊，備用。

3　將泡軟的乾香菇對切，和瀝乾水分的糙米一起倒入砂鍋，加入雞高湯、所有蘿蔔和牛蒡，先以中火加熱至滾沸。

4　再轉微小火續燉煮**30**分鐘至米熟軟，加入鹽調味，續煮**10**分鐘即可熄火。

Tips

浸泡過的糙米在燉煮過程比較快煮透，也能用其他的五穀雜糧米來取代。

切成大塊的紅、白蘿蔔較能在熬煮過程中保持原狀，取用時，只需湯匙輕壓就會散開。

材料

A

牛腱肉250g

蘑菇 150g

洋蔥80g

紅蘿蔔100g

西洋芹1支（約80g）

B

薏仁60g

大麥 60g

調味料

A

橄欖油1小匙

月桂葉1片

水4杯

B

義大利香料粉1/2小匙

鹽1小匙

作法

1　牛腱肉洗淨切小丁；蘑菇洗淨切厚片；洋蔥去外皮，洗淨切小丁；紅蘿蔔去表皮，切小丁；西洋芹洗淨去除粗絲，切片，以上食材備用。

2　薏仁和大麥以流動清水洗淨，和水一起放入湯鍋，先大火煮沸，熄火後燜15分鐘。

3　將橄欖油倒入不沾鍋，放入洋蔥丁，以中火拌炒至釋出香味，再加入牛肉丁、蘑菇片、紅蘿蔔丁和西洋芹片一起拌炒均勻。

4　再倒入作法2薏仁大麥湯鍋中，加入月桂葉，開小火煮至沸滾，轉微小火續煮30分鐘，最後加入調味料B，續煮15分鐘至薏仁大麥熟即可熄火。

洋菇薏仁麥粥

份量｜**3**人·熱量｜**300**大卡

Tips

在燉煮的過程中，需不時以湯匙攪拌湯粥，以免靠近火源的地方容易焦底。

牛腱肉需要較長時間燉煮才會軟透；若是使用雞腿肉或豬肉時，可以先熬粥，於加入鹽調味同時加入，肉質才不會因久煮而過老，影響口感。

Chapter 2

１０分鐘
營養均衡一鍋煮

加班回家或臨時想吃宵夜，但懶得清洗許多鍋碗瓢盆，
只要透過燉煮鍋、平底鍋、蒸鍋，添加適量蔬菜攝取營
養，以一鍋到底大火快煮，即可快速享受熱呼呼且兼顧
營養的麵、粥、鍋物。

善用鍋具 快速烹調

平底鍋

一種是上了不沾塗層，俗稱鐵弗龍不沾鍋；另一種是不銹鋼材質製造，分為**316**規格和**304**規格，以後者為佳。而這二種平底鍋都不能以大火乾燒，也需選購平底鍋專用鍋鏟作拌炒。平底鍋依然有壽命期限，若發現內鍋不沾塗料開始脫落時，會釋出有毒物質，這時候就必需更換平底鍋。

一個好的平底鍋的優點是導熱平均、快速，只要使用中、小火即可烹調；無油或少油也不容易燒焦食材；而密合度較高的鍋蓋在加熱過程中，不會導致水分、養分的流失，卻可以保留食物中的自然甜分，達到少油、無油煙料理的效果，也能縮短烹煮時間和節省能源。最重要的是，只要溫水沖洗鍋子，再用布擦拭乾淨就可以了，不會有沾黏焦鍋的問題。

燉煮鍋

建議挑選鈦合金鐵鑄鍋或陶製砂鍋燉煮為佳。鈦合金鐵鑄鍋導熱效果較快，容易清洗及使用，常用於中式三杯類料理或西式煎燉類。陶製砂鍋除了保有原來陶土可呼吸、傳導均勻且保溫效果佳的特色外，更減少吸水程度，使用上較方便也易於保養；亦適合長時間烹煮，保溫效果是燉煮鍋中最理想的，經常使用於煲湯、煮飯、火鍋或西式燉肉燉菜等。

蒸鍋

透過蒸鍋或電鍋清蒸方式，是最能將食物原汁原味呈現出來。坊間已有許多不銹鋼製的多功能鍋具，均搭配蒸盤的配備，在煮湯的同時，利用上升的蒸氣加熱或蒸熟食物，只要用對鍋具，烹飪真的很簡單。

選擇當季盛產蔬菜

　　除了利用鍋子的特性來料理食物之外，其實還有幾個方法可以吃得健康又美味。首先是採買當季盛產的食材，因為當季蔬菜是最符合當時的氣候所生長，不需要過多的肥料助長或農藥除害也能長得很好，尤其是有機蔬果，唯有順著季節食用，才能吃得健康美味又價格合宜。

清洗蔬菜方法

　　留意食材的清洗、處理和保鮮過程，過度去皮和清洗常會不經意的洗掉食材的營養。瓜果類最好是去蒂頭後以軟毛刷洗淨表皮；葉菜類則是用大量的清水泡洗，如果為了去除農藥而使用鹽或其他添加物浸泡蔬果，反而有可能因為蔬果吸收了鹽分或添加物，而不利腎臟代謝狀況。

加入調味料黃金時間

　　調味是一道菜美味的關鍵。使用當季鮮嫩的蔬果，基本上只要少量的玫瑰鹽或海鹽即能引出食材本身的甜味；肉類下鍋煎、炒前，可以先醃漬，在拌炒過程時就不需另外的鹹味；海鮮類反而是在烹煮的同時再加入調味料，才不會破壞原本食材的鮮味。

拌炒先後順序

　　關於食材的烹煮方式，適合涼拌生食的蔬菜，例如：小黃瓜、美生菜、山藥等，若要入鍋拌炒，需在所有食材都快熟透時再加入，只要拌勻入味即可起鍋。如果是需完全熟透時更容易被人體吸收蔬菜，例如：蕃茄或紅蘿蔔，就要先放入鍋中烹煮熟透。

星洲炒米粉

份量 | 2 人

材料

A
米粉1把
蝦仁100g
叉燒肉60g

B
韭黃15g
洋蔥30g
豆芽20g
雞蛋1 個

調味料

A
沙拉油少許
鹽少許

B
沙拉油1大匙
咖哩粉1大匙
魚露1/2大匙
蕃茄醬1小匙

Tips

燙過的米粉燜一段時間可以保持彈性口感,在拌炒時可以很快入味且收乾湯汁。

以叉燒肉炒米粉,咖哩粉調味是這道菜最特別的地方,可以其他書裡示範的醃料做調味替換,能讓料理具有獨特風味。

作法

1　韭黃洗淨切長段;洋蔥去外皮,洗淨切粗絲;豆芽去頭尾後洗淨;蛋攪打成蛋汁;蝦仁洗淨對切成兩片;叉燒肉切細絲;米粉泡水待軟,備用。

2　煮一鍋水,加入調味料**A**,待水滾沸後將米粉入鍋煮**40**秒,撈起瀝乾,放入大碗內,加蓋燜著備用。

3　不沾鍋以小火加熱,將蛋汁倒入鍋中,煎成薄蛋皮(圖**1**),取出切成細絲備用(圖**2**)。

4　將沙拉油倒入煎過蛋的不沾鍋中,以中火加熱,放入洋蔥絲及咖哩粉拌炒數秒,加入叉燒肉、豆芽、韭黃續拌炒均勻(圖**3**)。

5　舀**1**湯匙燙米粉水入鍋中,加入蕃茄醬、蝦仁片及魚露調味,用剪刀將米粉剪成數段,放入鍋中充分拌勻(圖**4**),最後加入蛋絲拌炒均勻即完成。

和風咖哩烏龍麵

份量 | 2 人

材料

A
五花肉片**120g**
烏龍麵**2**把（約**400g**）

B
洋蔥**100g**
鮮香菇**2**朵（約**30g**）
蔥**1**支（約**20g**）

調味料

A
無鹽奶油**1**小匙
高湯**450cc**
味醂**1**小匙

B
咖哩塊 **70g**
咖哩粉**1**小匙

作法

1. 洋蔥洗淨切細絲；香菇洗淨，在表面切十字花；蔥洗淨外皮，蔥白部分切小段，蔥綠部分切成蔥花，備用。

2. 煮一鍋滾水，放入烏龍麵煮熟，備用。

3. 取一個小湯鍋，加入奶油，放入洋蔥、蔥白段及五花肉片，以小火拌炒至肉片**7**分熟，先將肉片取出。

4. 將高湯倒入鍋中，放入香菇、味醂一起煮開，再加入調味料**B**咖哩塊及肉片續煮至滾沸。

5. 將燙好的烏龍麵取出放入大碗裡，倒入煮好的咖哩肉片湯，最後以蔥花裝飾即完成。

Tips

肉片可以用牛肉、豬肉或雞肉片替換，美味的秘訣是將肉片與洋蔥等辛香料先拌炒出香味。

材料

A
牛肉片**80g**

河粉**200g**

B
韭黃**100g**

豆芽**100g**

鮮香菇**2**朵（約**30g**）

蒜頭**2**個（約**10g**）

調味料

A
醬油**1**小匙

水**1**大匙

五香粉**1/2**小匙

蒜末**1**小匙

太白粉**1**小匙

B
沙拉油**1**大匙

高湯**100cc**

胡椒粉少許

C
蠔油**1**大匙

酒**1**大匙

雞粉**1**小匙

細砂糖**1/2**小匙

Tips

坊間最常使用的方式是將肉片過油來保持肉質鮮嫩多汁，但因為需要較多的沙拉油，容易造成困擾。這裡先用太白粉一起醃漬，等食材都入味後再下肉片翻炒，既可保持肉片不老，順便勾縴的快速料理撇步。

作法

1　牛肉片先以調味料**A**醃漬入味備用。

2　韭黃洗淨切小段；豆芽去頭尾後洗淨；香菇洗淨切厚片；蒜頭去表皮洗淨，切薄片，備用。

3　將沙拉油倒入炒鍋，以小火爆香蒜片，放入韭黃和香菇拌炒後，再轉中火，倒入調味料**C**炒勻，再加入河粉和高湯一起煮至入味。

4　當湯汁滾沸時，加入豆芽和醃漬的肉片，翻炒至肉片熟，撒上胡椒粉即完成。

蠔油牛肉河粉

份量｜**2**人

酸辣豆簽羹

材料

A
豆簽2卷
魷魚片80g
香菜20g
蛋1個

B
豬肉絲100g
鴨血70g
黑木耳30g
筍絲50g

調味料

A
烏醋2大匙
醬油1大匙
沙茶醬1大匙
雞粉1/2小匙

B
水600cc
鹽1/2小匙
香油1小匙
太白粉1大匙
胡椒粉適量

份量 | 2 人

作法

1　鴨血、黑木耳洗淨切細絲;香菜洗淨切小段;蛋打成蛋汁;魷魚片和筍絲洗淨;豆簽泡熱水,備用。

2　取一個小湯鍋,加入水與材料B,以大火加熱,倒入調味料A續煮至湯汁滾沸。

3　豆簽瀝除水分,與魷魚片一起放入滾沸的湯汁,加入鹽調味。

4　將太白粉加入少許水拌勻,倒入湯汁勾縴,當湯汁再次煮沸時,將蛋汁以劃圓方式緩緩倒入。

5　最後滴上香油,加入香菜即可熄火,食用時依喜好撒上胡椒粉即完成。

Tips

完成的湯汁就是家常味的酸辣湯,所以嗜吃辣或酸的人,可以依個人喜好加入辣椒醬或增加醋的用量來調整酸辣度。

常見的酸辣湯除了搭配麵條或餃子外,這裡選擇豆簽來做變化;亦可將湯汁淋在白飯上,也是一道讓人胃口大開的佳餚。

材料

A

關東細麵2把

日式漬梅子2個

吻仔魚30g

蔥花1大匙

調味料

A

醬油2大匙

細砂糖1小匙

柴魚片5g

B

日式胡麻醬50cc

日式雙醬涼麵

份量 | 2 人

Tips

這道涼麵只沾胡麻醬和淡醬油即香氣十足；若喜好辣味者，可以加些辣油在胡麻醬裡；沒有日本漬梅子，加一些小黃瓜絲也非常爽口。

可以蕎麥麵取代關東細麵，記得煮法要參照包裝上的建議時間。

作法

1 漬梅子去籽後切細碎，以大碗裝水，將吻仔魚浸泡於水裡清洗兩次，瀝乾水分備用。

2 煮一鍋水，待水滾沸，先取出**100cc**熱水，將醬油、細砂糖及柴魚片放入鍋中（柴魚片需留少許裝飾備用），浸泡約1分鐘，將柴魚片瀝除，其湯汁即為日式淡醬油。

3 將關東細麵放入煮沸的滾水裡，以筷子拌開，讓麵條分散，煮**5**分鐘即可撈出，放入裝冰塊的開水中冰鎮，待麵條冷卻，瀝乾水分後裝入大碗。

4 將吻仔魚放入不沾鍋，以微小火煎酥香，與梅子碎拌勻，放在涼麵上，淋上日式淡醬油，以蔥花和柴魚片裝飾即完成。

5 可以直接食用，或依個人喜好另外沾日式胡麻醬。

南洋風煎餅

份量 | **2** 人

材料

A

蝦仁**250g**

花枝漿**100g**

九層塔**20g**

甜不辣**2**片

B

越式春卷皮**8**張

調味料

A

米酒**1**小匙

香油**1/2**小匙

鹽**1/2**小匙

黑胡椒粉少許

太白粉**1.5**大匙

B

沙拉油**2**大匙

泰式辣椒醬**1**小匙

作法

1　蝦仁去腸泥後洗淨並瀝乾水分;九層塔浸泡於淨水中至少**10**分鐘,洗淨瀝乾水分;甜不辣洗淨後切成小丁,以上食材備用。

2　以廚房紙巾吸除蝦仁表面水分,用刀面重壓扁蝦仁後再切成碎丁狀,放入攪拌盆用力攪打,使其產生黏稠有彈性即可。

3　再加入花枝漿、甜不辣丁及調味料**A**拌勻(圖**1**),最後加入九層塔稍拌開(圖**2**),即可放入冰箱冷藏**1**小時使餡料入味。

4　取兩張春卷皮平鋪於砧板上,以手沾附水塗於春卷皮表面,再取一半已入味的蝦泥餡,均勻平鋪於春卷皮表面(圖**3**)。

5　再將另兩張沾少許水,對齊覆蓋在鋪好的蝦泥餡上(圖**4**),用手輕壓表面和邊緣,讓餡料和春卷皮完全黏合,然後依同樣步驟完成另一份蝦餅。

6　不沾鍋加入沙拉油,以中火加熱,放入蝦餅,以半煎半炸的方式將蝦餅煎成金黃色即可取出切塊(圖**5**),可以沾泰式辣椒醬食用。

Tips

製作餡料時,要注意所有食材的水分需用廚房紙巾擦拭乾淨,可避免調味過的蝦泥出水,而造成春卷皮過於濕軟,不容易拿取。

用越南春卷皮做出來的煎餅,口感上比一般麵皮更酥脆;餡料也可依個人喜愛的口味變化,例如:包水餃用的豬肉餡料取代。

    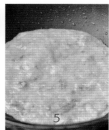

蒜味粿條蒸蝦

份量｜2人

材料

A
白蝦6尾（約450g）
粿條150g
蔥花20g

調味料

A
雞粉1小匙
鹽1/2小匙
水50cc
B
蒜泥20g
薑泥20g
胡椒粉1/2小匙
香油1大匙
魚露1小匙

作法

1 蒸鍋先煮一鍋水，準備蒸蝦子用。

2 粿條過水洗淨，瀝乾水分後放入平盤；取一個小碗，放入水、雞粉及鹽拌勻，均勻淋於粿條上。

3 白蝦以剪刀剪開背部去除腸泥、長鬚後洗淨，在蝦子足部均等輕輕劃上數刀，再平鋪於粿條上。

4 取一個小碗，放入調味料B拌勻，以小湯匙均勻淋在蝦背上。

5 待作法1水滾沸，將盤子放入蒸鍋，以中大火蒸10分鐘至熟，熄火時撒上蔥花即完成。

Tips

在蝦子足部劃刀，在蒸煮的過程時不會因收縮而造成捲曲。

材料

A

去骨雞腿1隻（約250g）

杏鮑菇1/2支（約60g）

鮮香菇3朵（約35g）

蒜瓣5個（約20g）

蒜苗1支（約20g）

B

白飯200g

調味料

A

鹽1小匙

雞粉1/2小匙

B

鮮奶100cc

醬油1大匙

沙拉油1小匙

無鹽奶油10g

作法

1　雞腿洗淨；杏鮑菇洗淨後切小角塊；香菇去蒂頭對切成**4**份；蒜瓣去表面薄膜，蒜苗洗淨切小段，備用。

2　不沾鍋以中火加熱，將雞腿皮向下放入鍋裡煎**2**分鐘，讓油脂融出，雞腿翻面後煎**1**分鐘，同時將杏鮑菇、香菇塊及蒜瓣放入不沾鍋加熱，取出兩面煎過的雞腿，放在砧板上。

3　將鮮奶及醬油倒入作法**2**不沾鍋，以大火將所有食材煮軟的同時，將雞腿切成**2**公分塊狀後再加入不沾鍋，以調味料**A**一起煮**3**分鐘讓雞肉塊熟透即可熄火。

4　取一個小砂鍋，用廚房紙巾沾附沙拉油後擦拭砂鍋內層，以中火加熱**1**分鐘，倒入白飯，以湯匙撥開輕壓白飯。

5　加入奶油和蒜苗，倒入拌炒好的雞肉塊翻炒均勻，熄火後燜**1**分鐘，食用時以湯匙拌開飯和料即可。

Tips

由不沾鍋換成砂鍋是為了讓白飯在鍋邊形成焦香的鍋巴口感，如同石鍋拌飯般令人垂涎。也可以省略直接將飯炒勻，轉中大火約30秒，讓鍋邊的米粒酥脆。

砂鍋奶香拌飯

份量｜ **2** 人

五味冬粉鮮蚵

份量｜**2 人**

材料

A

鮮蚵**200g**

蘆筍**120g**

寬冬粉**2把**

B

太白粉**60g**

地瓜粉**100g**

調味料

A

蒜末**25g**

薑末**15g**

蔥末**20g**

香菜末**10g**

辣椒末**5g**

蕃茄醬**60g**

細砂糖**1大匙**

醬油膏**1大匙**

冷開水**2大匙**

白醋**1大匙**

B

鹽**1/2小匙**

雞粉**1/2小匙**

作法

1　調味料**A**拌勻即為五味醬備用（圖**1**）。

2　鮮蚵先以流動水仔細清洗表面沾附的蚵殼及雜質，放在篩網上瀝除水分；蘆筍去除較粗表皮，洗淨後切長段，備用。

3　先煮一鍋水，在等待煮沸的同時，利用廚房紙巾吸除鮮蚵上的水分，待水滾沸後，放入蘆筍段及冬粉（圖**2**），再次滾沸後先撈出蘆筍，讓冬粉續煮**3**分鐘煮透後撈出。

4　加入鹽和雞粉拌勻，和蘆筍一起鋪於平盤。在原湯鍋裡加水至**7**分滿，以大火煮滾，將瀝乾的鮮蚵放在乾燥的大盤上，均勻鋪上混合的材料**B**（圖**3**）。

5　待湯鍋裡的水煮沸後，先熄火，將鮮蚵一個一個放入鍋裡泡**3**分鐘使鮮蚵燜熟（圖**4**），撈出後靜置**15**秒，再放在冬粉上，淋上五味醬即完成。

Tips

鮮蚵在撈出時靜置數秒是為了讓外皮的裹粉能趁熱收乾水分，而成為粒粒分明多汁且飽滿。

若不喜歡蕃茄味道，可選擇單純的蒜泥和醬油膏，變化為蒜泥鮮蚵。

1

3

2

4

石狩鍋

份量｜2人

材料

A
比目魚塊400g
高麗菜150g
鮮香菇2朵
金針菇100g
紅蘿蔔50g
豆皮2片（約120g）
牛蒡60g
B
山茼蒿200g
蔥2支（約30g）

調味料

A
高湯600cc
B
米酒2大匙
味醂2大匙
醬油1大匙
細砂糖1小匙
紅味噌30g
白味噌30g

作法

1　比目魚塊以刀背輕刮魚皮部分、並用水清洗乾淨；高麗菜洗淨切大片；香菇洗淨後可以在表面刻十字花紋；金針菇剪去根部結團的部位後洗淨；紅蘿蔔切片；山茼蒿和蔥洗淨切段；豆皮洗淨切小塊，備用。

2　牛蒡用刀背刮除表皮，洗淨後削薄片，與調味料、高湯一起放入陶鍋裡，以中火加熱，依序放入高麗菜、比目魚塊、香菇、金針菇、紅蘿蔔、豆皮，轉大火煮至滾沸。

3　最後加入山茼蒿和蔥，蓋上鍋蓋後熄火，端上桌時再打開鍋蓋，此刻山茼蒿即熟可食。

Tips

剩餘的湯汁可以加入適量白飯，打個蛋煮成鹹粥，若加些蔥花和香油，就是日本平民美食「雜炊」，濃郁的香味，很有飽足感。

材料

A

牛小排肉片**160g**

蛋**1**個

B

白菜**120g**

日本大蔥**60g**

金針菇**50g**

洋蔥**50g**

傳統豆腐**1**塊

蒟蒻絲**100g**

調味料

A

無鹽奶油**10g**

B

醬油**80cc**

味醂**80cc**

米酒**50cc**

細砂糖**20g**

水**400cc**

作法

1　將白菜洗淨切大片；日本大蔥洗淨切段，分成蔥白、青蔥兩部分；金針菇去除根部後洗淨；洋蔥去表皮，洗淨後切粗絲；豆腐過水洗淨，切片；蒟蒻絲過水，洗淨，備用。

2　取一個不沾鍋，以小火加熱，放入奶油，爆香洋蔥及蔥白，加入所有調味料**B**，以小火煮滾，再放入白菜片、豆腐片及蒟蒻絲煮**5**分鐘。

3　蛋打入小碟，攪打成蛋汁，將牛肉片放入，充分沾附蛋汁，再與金針菇和青蔥段一起加入鍋中，煮至肉片半熟或全熟即完成。

壽喜燒

份量｜ 2 人

Tips

牛肉片沾蛋汁再入鍋煮，可以保持肉片鮮嫩多汁、組織不老。

壽喜燒醬汁會因為食材加入後味道變淡，可以等比例加入醬油和味醂續煮。

薑汁豬肉米堡

份量｜ **2** 人

材料

A
梅花豬肉片**200g**
洋蔥**50g**
高麗菜**60g**
白飯**240g**
B
薑末**2**大匙
黑芝麻適量
白芝麻適量

調味料

A
味醂**2**大匙
醬油**1**大匙
米酒**2**大匙
細砂糖**1**大匙
水**2**大匙

作法

1 將豬肉片切成小段；洋蔥洗淨後切粗絲，與調味料**A**、薑末一起放入大碗裡拌勻醃漬入味，備用。

2 高麗菜洗淨，盡可能切成細絲，浸泡在冰開水備用。

3 白飯分成**4**等份，每一份以保鮮膜包緊整成圓球狀（圖**1**），再壓平成圓餅狀（圖**2**）備用。

4 將米餅放入倒入少許香油的不沾鍋，以小火將表面煎至兩面呈金黃色（圖**3**），盛出備用。

5 用同一個不沾鍋，以中火加熱，倒入已醃漬過的豬肉片、醬汁一起拌抄至肉片熟透後即可熄火。

6 高麗菜絲瀝乾水分，鋪適量於米餅，再鋪適量肉片（圖**4**），再蓋上另一片米餅，表面均勻刷上少許肉汁（圖**5**），均勻撒上黑芝麻、白芝麻即完成。

材料

A

豬肉片**100g**

牛肉片**80g**

嫩豆腐**1**盒（約**300g**）

B

蒜末**1**大匙

辣椒末**1**大匙

蔥花**2**大匙

C

白飯**380g**

調味料

A

醬油膏**1**大匙

花椒粉**1/2**小匙

B

香油**1**大匙

米酒**1**大匙

辣豆瓣醬**1.5**大匙

太白粉**1**大匙

麻婆豆腐燴飯

份量 | 2 人

作法

1 將豬肉片、牛肉片切細碎後放入大碗，加入調味料**A**拌開，待醃漬入味；嫩豆腐切小丁，備用。

2 將香油倒入不沾鍋，放入蒜末、辣椒末及辣豆瓣醬，以中火爆香，當拌炒出香味釋出，倒入已醃過的肉碎拌炒至熟，將米酒淋於鍋邊逼出香辣味。

3 再放入豆腐丁，輕輕翻鍋或輕輕翻炒，讓肉末與豆腐丁透過搖晃均勻，直到豆腐丁充分上色。

4 太白粉與少量水拌開，以劃圈方式慢慢倒入作法**3**豆腐肉末中，再翻鍋讓醬汁均勻上色且受熱後，放入蔥花即可熄火。

5 將白飯盛入盤中，倒入適量麻婆豆腐即完成。

Tips

香油有特別的香氣，用冷鍋與爆香料一起拌炒到香味釋出就好，溫度太高反而容易有焦味。

傳統板豆腐與嫩豆腐因為所使用的凝固劑不同，在口感上的差異較大。若用傳統板豆腐，一定要先以滾水燙過一遍，再入鍋調味就會好吃，因為滾水會煮出豆腐的豆酸味，且膨脹起來的豆腐更容易吸附麻辣醬汁。

材料

A

白蝦6尾（約200g）

洋蔥50g

小蕃茄60g

九層塔15g

蒜末1大匙

B

白飯250g

葡萄乾1大匙

調味料

A

沙拉油1小匙

B

紅咖哩20g

米酒1大匙

蕃茄醬1大匙

椰漿1大匙

鹽1/2小匙

雞粉1/2小匙

作法

1　白蝦剪去長鬚及頭刺，將背部剪開後剔除腸泥，洗淨；洋蔥洗淨後切碎細；小蕃茄洗淨對切成兩半；九層塔洗淨切細絲，備用。

2　將沙拉油倒入不沾鍋，以小火加熱，炒香洋蔥和蒜末，加入白蝦先煎1分鐘後再翻面，倒入米酒，立刻將白蝦取出，讓白蝦大約只有6分熟。

3　將小蕃茄、調味料B加入不沾鍋，拌炒均勻，再倒入白飯拌炒均勻至上色且咖哩香味釋出。

4　加入白蝦、九層塔絲翻炒均勻且入味後熄火，趁熱加入葡萄乾快速炒勻即可裝盤。

Tips

米酒倒入不沾鍋後才取出蝦子，是利用酒揮發時去除海鮮的腥味進而帶出甜味，若再多煮一些時間，蝦子就會過老而影響口感。

在拌炒紅咖哩時要特別注意所有食材要鬆散有點水分；過於乾焦的炒料會讓炒飯不好吃，所以若有燒乾狀況時，適量加點油讓炒料能輕易翻動。

紅醬鮮蝦炒飯　　　份量｜2人

蘆筍奶汁燉飯

份量 | **2** 人

材料

A
蘆筍**4**支（約**60g**）
洋蔥**60g**
西洋芹**40g**
培根**3**片（約**50g**）
B
白飯**200g**

調味料

A
牛奶**120cc**
椰奶**35cc**
B
沙拉油**1**小匙
鹽**1/2**小匙
起司粉適量
黑胡椒粉適量

作法

1 蘆筍刨去較老的外皮後洗淨；洋蔥去表皮洗淨；西洋芹去粗絲，全部切成**1**公分小段；培根切成粗條，備用。

2 取一不沾鍋，加入沙拉油及培根，以小火煎酥香，加入洋蔥拌炒數秒待香甜味釋放出來時，倒入調味料**A**和白飯，煮**3**分鐘讓白飯呈糊狀軟透。

3 再加入蘆筍、西洋芹炒勻，再加入鹽調味，續煮至湯汁收乾即可熄火。

4 將燉飯裝盤，撒上適量起司粉和黑胡椒粉即完成。

Tips

正統的燉飯都是使用生米，並以小火慢慢燉煮而成，過程常常需要 20～30 分鐘，這裡示範是以煮好的白米飯，縮短了烹煮時間，但口感相似。

書中「田園濃湯」和「普羅旺斯醬魚片」都能適量加入白飯一起燉煮，以牛奶或水調整成自己喜好的濃稠度即可。

材料

A

牛肉片200g

熱水500cc

B

花椰菜120g

蕃茄2個（約160g）

山藥100g

黑木耳2片（約40g）

秀珍菇120g

調味料

A

柳橙汁2大匙

檸檬汁1大匙

味醂1大匙

日式醬油1小匙

七味粉少許

B

鹽1/2小匙

作法

1　花椰菜洗淨後去除較粗的外皮；蕃茄洗淨外皮，去蒂切角塊；山藥去皮洗淨後切厚片；黑木耳洗淨後切大片；秀珍菇洗淨。

2　將調味料A倒入小碗，拌勻後倒入沾醬碟中即為日式火鍋沾醬。

3　所有材料B放入小湯鍋，倒入熱水，以中火一起加熱8分鐘，將牛肉片平鋪於湯料上，用長竹筷稍微壓住肉片讓湯汁蓋過。

4　蓋上鍋蓋，續煮約30秒讓肉片熟透，加入鹽調味即可熄火，搭配沾醬食用。

美人蔬菜煮

份量｜2人

Tips

搭配山藥是為了增加飽足感，若改用南瓜或馬鈴薯，也是不錯的選擇。

若沒有時間另外準備沾醬，只要將冰箱裡現有的調味用品，即便是一點點咖哩塊或咖哩粉，或者是加入1大匙的沙茶醬，就能讓湯頭有多樣的變化。

Chapter 3

半成品
加工方便料理

超市、便利商店販售的冷凍微波食品、關東煮，夜市的鹹水雞、各種滷味等，花點巧思變身成意想不到的美味料理；同時省去烹調前繁瑣的準備工作，小包裝的份量也能避免處理剩料的煩惱。

市售半成品
快速加工

選購的好地方

　　一般市面上常見的即食餐點除了超商的各式便當、涼麵、生菜沙拉外，還有微波冷凍食品包，例如：義大利麵、炒飯、熟水餃，以及小袋裝的炸雞塊、花枝丸。還有夜市、路邊攤常見的鹹水雞、滷味攤等平民美食。雖然方便取得、美味、選擇性和口味變化高，但共同的缺點就是熱量較高，且維生素和膳食纖維的含量較少。所以買回家後，需要另外準備新鮮蔬菜搭配，不僅健康而且非常適合宵夜時間嘗試，以上是想要吃點東西，又能兼顧營養和身材的選擇。

方便的冷凍食品

　　冷凍食品為了在長期冷凍保存下還能保有原來的口感，通常會添加鈉及高熱量的問題。除了方便外，最好再花點時間烹調，家裡冰箱可以準備一些耐放的蔬菜，例如：蕃茄、洋蔥、小黃瓜等，加入愛吃的料理中，對身體有很大的助益。

路邊攤、夜市美食

不管是油炸類的鹽酥雞，或滷味、鹹水雞等，都同時販售青菜，可供搭配選擇，但追求色、香、味俱全的情況下，調味料下得比較重，油脂含量也高。若直接吃，建議先過個熱水去除表面油脂和調味粉，亦可加入適量青菜，既能降低鈉的吸收，又能保持輕盈的身材。

冷凍義大利麵

最常見的口味是蕃茄肉醬、奶油白醬兩種,只要解凍加熱後,拌入已燙熟的綠色蔬菜,如:花椰菜、青椒或菠菜。若要讓美味升級,可以先用少許的洋蔥丁拌炒一整顆蕃茄丁,煮到軟爛後,再加入一包肉醬麵,一點點義大利香料粉和鮮奶點綴,就能滿足老饕挑剔的嘴。

炒飯、熟水餃類

這類冷凍食品吃起來少有彈性、口感較鬆,炒飯時就可以加入等量的美生菜絲一起拌炒,以少許胡椒鹽調味即非常美味。熟水餃就可以煮碗青菜蛋花或酸辣湯作成湯餃,讓蔬菜的鮮甜和水餃合而為一,豐富的色彩搭配讓宵夜更賞心悅目。

生菜沙拉、關東煮

若準備時間不夠,冰箱也沒有足夠的青菜,現在超商也提供小份量的生菜沙拉,或關東煮裡也有香菇、杏鮑菇、竹筍等,皆可加以利用和變化。

小包裝炸物類

炸花枝丸、鹹酥雞皆適合和青菜拌炒熟後,勾縴淋在白飯上,或者與冷凍麵條、青菜一起拌炒,因為本身調味就非常足夠,在試味道後再依個人喜好調整就是方便的宵夜。

挑 選 半 成 品 停 看 聽

厚片吐司

選購時需先檢視外包裝需完整，製造日期和保存日期仍在安全食用期限內為原則。

全麥吐司

一般麵包店以出售當天出爐麵包為訴求，建議至有信用、有商譽的店家購買較安心。而麵包的出爐時間大部分在中午過後，可以先詢問店家販售時間，就能買到最新鮮的吐司。

韓式泡菜

不論是原裝進口或是本土食品廠製作，口味和包裝上有很多樣式可以選擇，建議選購有品牌，或是合格進口認證、在保存期限內為佳；並以在短期內吃完的份量為購買原則，因為開封過後的泡菜比較容易走味變質。

越南春卷皮

越南春卷皮的價格很平實，料理方式便利且多樣化。開封後只要使用密封袋密封好，放在冰箱保存即可。

無糖豆漿

在超商或超市都能買到無糖豆漿，選購時注意保存日期和食品安全認證即可。開封後未食用的部分要放入冰箱保存，並且盡快食用完畢。

鮪魚罐頭

金屬罐裝外觀不能有生銹或凹陷的狀況，以免內存物有變質的問題，並注意罐上標示的製造日期、保存日期，開封後未食用完畢的部分需倒入玻璃器皿，放入冰箱保存比較安心。

燒餅

剛出爐的燒餅能在豆漿店裡成為人氣小吃且歷久不衰，香、酥、脆是吸引人的原因，所以只要店裡人潮不斷，口味上就不會差太多，但也因為現烤才好吃，其不耐久放就是個缺點，買當天夠吃的量就好。

無鹽薯條

目前超市皆能買到冷凍包裝的薯條，選擇大廠牌、有食品標章認證，在保存期限內者為佳。買回家時，只取需要的份量放室溫退冰，其他再冰回冷凍庫保存。若有汽炸鍋，則以無油方式烹炸是最健康；若用油炸，則需充分瀝除油分。請選購不加鹽的薯條料理，可避免造成身體負擔。

蘇打餅乾

選購時先檢試外包裝是否完整，包裝盒上標註的製造日期或保存期限是否有過期的問題。回家拿出來時，輕壓塑膠包材不會有漏氣的感覺就可以放心食用。

滷味

不論是加熱煮過的食用方式，或是放涼切塊直接入口，都是大街小巷裡隨處可見的宵夜美食。在採買時，可以先注意店家烹煮食材的環境是否符合衛生條件，是否有保冷設備，擺放食材的器具是否乾淨，食材外表是否新鮮不乾柴等，避免這些疑慮後再購買。

鹹水雞

夜市的鹹水雞攤販有很多，在選買時注意食材是否有足夠的保冷設備儲存，處理食材時的衛生習慣是否良好；最重要的是，較有人氣的攤位通常也是最好的參考選擇。除了鹹水雞，還會有四季豆、小黃瓜、黑木耳等蔬菜，可以搭配食用，能兼顧飲食均衡。

超商關東煮

在超商選購關東煮時,可以先詢問店員食材放入烹煮的時間,作為是否購買的參考依據。最直接的方式是,先用夾子夾取魚漿製品,例如:黑輪,只要外表膨脹鬆軟不易夾取,或一夾就散開分裂,即表示食材有可能已泡煮過一段時間,口感上必定比較差。

鹽酥雞

購買急速冷凍的即食產品必須先注意包裝上標示的保存期限,拿起時輕壓包裝袋需鼓鼓有空氣的感覺,表示外包裝完整,在運送或拿取的過程中沒有遭到污染的疑慮。雖然在超商熟食冷藏區架上都有退冰過的產品可供選擇,但選購時,建議優先選擇冷凍保存為佳,回家後再自行解凍,吃起來會比較安全。

蔥油餅皮

市面上有許多種類的冷凍蔥油餅皮,請選擇知名品牌、或有食品檢驗合格認證,如**CAS**或**GMP**較有保障。選購時需注意外包裝的完整,及所標示的保存期限是否在安全期內,再依照包裝上印製的注意事項作退冰、烹調方式操作。

熟水餃

若是購買冷凍品,請選擇知名品牌、有食品檢驗合格如**CAS**或**GMP**認證的較有保障。採買時注意外包裝上所標示的保存期限是否在安全期內,再用肉眼檢視水餃,要避免水餃皮外表結厚冰霜或有反白的狀況,因為這些現象可能是在搬運或擺放的過程中退冰過,或溫度差異過大所造成。

白醬義大利麵

若是冷凍麵食,則需選擇外包裝完整及在保存期限內;若是冷藏即食麵,要先注意盒上標註的保存期限仍在安全期限內為宜。買回家後拆開塑膠袋包裝,放在瓷盤或碗裡解凍或加熱,都比直接微波加熱更安全許多。

義大利肉醬麵

若是選擇冷藏即食麵時,要先注意盒上標註的保存期限仍在安全期限內;而冷凍麵食則是選擇外包裝完整及在保存期限內為宜。不論那一種,買回家後拆開塑膠袋包裝,放在瓷盤或碗裡解凍或加熱,都比直接微波加熱更安全。

五色沙拉盒

購買時首先要檢視盒子外包裝是否完整且密封狀態,其保存期限較短,所以要注意是否仍在安全食用期限內為宜。

豬肉丸子

請選擇品牌、有食品檢驗合格如 **CAS** 或 **GMP** 認證較有保障,採買時注意外包裝上所標示的保存期限是否在安全期內,再用肉眼檢視,避免外表結厚冰霜的狀況。因為這些現象可能是在搬運或擺放過程中退冰了,或溫度差異過大所造成,所滋生的細菌就可能在不知不覺中吃進肚子裡。

科學麵

購買時注意外包裝的完整及所標示的保存期限,因為品牌、種類較多,建議以知名大廠或有檢驗標章合格者為佳。

鮭魚生魚片

在大型連鎖超市或賣場都能買到品質不錯的生魚片,在選購時要注意魚片色澤需一致、鮮嫩不暗沈。若有金屬反光顏色,即表示細菌滋生變質了,就不適合食用。若是在一般傳統市場或餐廳外帶,最好選擇有信用的店家比較安心。同時留意回家路途所需的時間,因為只要溫度上升,生魚片就會開始變質,最好請店家提供冰塊保鮮。

蘿蔔糕

在超市選購蘿蔔糕時,最好是選擇品牌、有食品檢驗合格如 **CAS** 或 **GMP** 認證者較有保障,外包裝上所標示的保存期限是否在安全期內為原則。若是在一般市場或餐廳購買,最好是選擇有信用的業者,並問清楚保存方式和期限,才能放心食用。

火腿起司吐司盒

份量｜ **2** 人

材料

A

全麥吐司**2**片（約**85g**）

起司片**4**片（約**75g**）

火腿片**2**片（約**40g**）

雞蛋**2**個

市售五色沙拉盒**1**盒

調味料

A

麵包粉**1**杯

低筋麵粉**2**大匙

B

沙拉油**3**大匙

Tips

先沾粉、裹蛋液再輕壓麵包粉，這個過程是日式炸物最常使用的方式。尤其是在壓麵包粉時的力道，將決定在油炸過程中皮餡是否分開關鍵，所以吐司表面先塗上蛋液可以黏住起司片，也方便在烹調的過程中保持原來形狀不會分開。

若不確定麵包粉壓的是否紮實，建議可以在沾附麵包粉後用竹牙籤固定四個角落，在入鍋後準備翻面時再拿掉即可。

作法

1 將蛋充分攪散均勻；麵包粉與低筋麵粉分別平鋪於兩個平盤；吐司去邊，切成和火腿大小一致，備用。

2 取一片吐司，表面刷上適量蛋液（圖**1**），兩側各放上一片起司片，再將火腿片夾在最外層（圖**2**），平放在麵粉盤上，讓火腿兩面皆沾上薄薄的麵粉後，再浸入蛋液裡充分附著（圖**3**）。

3 最後取出放在麵包粉的平盤上，撥撒麵包粉完全蓋住火腿，並以手掌輕壓讓麵包粉充分沾附表面即可，再重複相同步驟完成另外一份起司盒。

4 不沾鍋倒入油，以中火加熱，將火腿放入煎至兩面呈金黃色即可（圖**4**），將煎好的三明治對切，放於平盤上，佐以五色沙拉即完成。

三杯關東煮

份量 | 2 人

材料

A

市售關東煮

杏鮑菇2支（約90g）

黑輪1個（約35g）

豬血糕1個（約120g）

貢丸1個（約25g）

香菇1朵（約35g）

綠竹筍2支（約65g）

B

蒜頭15g

蔥1支

九層塔10g

調味料

A

黑麻油1大匙

醬油2小匙

細砂糖1小匙

米酒1小匙

作法

1　將關東煮所有食材切小塊；蒜頭去外皮後洗淨；蔥洗淨後切小段、分蔥白及青蔥兩部分；九層塔洗淨，備用。

2　砂鍋放入黑麻油，以小火加熱，放入蒜頭粒和蔥白爆香，再加入切塊的關東煮料先拌炒，加入醬油和細砂糖續炒，讓所有食材均勻上色。

3　將米酒淋在砂鍋邊緣，轉大火，放入青蔥段、九層塔，蓋上鍋蓋，熄火後燜30秒讓塔香和蔥香味釋出即完成。

Tips

傳統的三杯是指1份醬油：1份米酒：1份麻油，將生食材炒熟收乾湯汁後的料理方式，本道食譜所使用的食材都已煮熟，若仍用相同比例來烹調，口味上會過鹹、酒味也較重，所以需微調比例料理。

若不使用市售關東煮，可以自行買相關食材，以柴魚高湯煮過後再照步驟製作。

材料

A

鹽酥雞1包（約65g）

洋蔥80g

雞蛋2個

B

白飯1碗

海苔絲適量

蔥花1大匙

調味料

A

醬油1大匙

味醂1小匙

水100cc

雞粉1/2小匙

細砂糖1/2小匙

作法

1　洋蔥洗淨後切細絲；雞蛋攪打成蛋汁，備用。

2　調味料**A**先倒入不沾鍋，放入洋蔥，以中火加熱，當湯汁煮滾沸後，加入鹽酥雞煮熟，將蛋汁以劃圓方式倒入湯汁，再次滾沸即可熄火。

3　取一大碗白飯，鋪上海苔絲，將煮好的作法**2**醬汁倒於白飯上，最後以蔥花裝飾即完成。

親子丼

份量｜1人

Tips

親子丼其實就是醃過的雞肉塊煮熟與半生熟的蛋汁所組成的日式丼飯，醬汁是整道菜的靈魂，可以用超市販售的照燒醬，以 1 份照燒醬，加入 3 ～ 5 倍的水稀釋即可。

鹽酥雞的部分可以用炸好的豬排或雞排取代，或花枝丸、雞米花也是不錯的選擇。

韓式燒餅夾心

份量 | 2 人

材料

A
燒餅**2**片
豬肉片**200g**
水梨**1**個（約**400g**）
B
苜蓿芽**50g**
美生菜**100g**

調味料

A
醬油**3**大匙
味醂**1**大匙
細砂糖**1**大匙
水**3**大匙
大蒜**2**個（約**10g**）
薑末**5g**
洋蔥**50g**
蘋果塊**60g**
熟白芝麻**1**小匙

Tips

剩下的醃肉醬汁可以再次利用，當作炒麵的醬汁或和新鮮肉片一起拌炒青菜。

除了用燒餅夾肉外，也可以用蔥油餅或吐司來變化不同風味。

作法

1 將水梨洗淨，切成**4**塊，去籽後取**1**塊先放入調理機備用；另外**3**塊切薄片放入加鹽的冰水冰鎮備用。

2 苜蓿芽和美生菜洗淨後放入另一盆冰開水冰鎮備用。

3 將調味料**A**放入調理機一起攪打成泥，倒入大碗，放入豬肉片醃漬**10**分鐘至入味（圖**1**）。

4 不沾鍋以小火加熱，放入燒餅攤平，兩面加熱**1**分鐘後取出，再將醃漬的肉片放入鍋，轉中火拌炒至肉片熟後取出（圖**2**）。

5 將冰鎮的苜蓿芽及美生菜瀝除水分，均勻鋪在燒餅上（圖**3**），依序鋪上肉片、水梨片即完成（圖**4**）。

味噌牛肉大餅卷

份量｜ **2** 人

材料

A

蔥油餅**2**張

牛肉片**120g**（燒烤）

小黃瓜**1**條（約**100g**）

蔥**1**支（約**30g**）

調味料

A

味噌**15g**

細砂糖**1/2**小匙

米酒**1**大匙

水**3**大匙

B

七味粉適量

作法

1 將調味料放入密封袋搓揉均勻，放入牛肉片，輕輕擠出空氣，讓肉片充分浸在醬汁裡，密封後放入冰箱醃漬**30**分鐘。

2 小黃瓜和蔥分別洗淨、過冰水後，全部切絲備用。

3 取一不沾鍋，以小火加熱，放入蔥油餅加熱至兩面呈金黃，取出置於平盤上。將醃漬過的牛肉片連醬汁一起放入不沾鍋裡，以小火煮熟後即可熄火。

4 將肉片鋪於蔥油餅，再鋪上黃瓜絲、蔥絲，淋上少許肉汁和七味粉，捲成長條後切成小段，裝盤即完成。

Tips

市售的大餅卷牛，都是用滷牛腱肉切片與蔥油餅捲成長條，這裡改成牛肉片，口感較軟嫩多汁。

醃漬肉片的醬汁可以用烤肉醬等自己喜好的口味替換，如烤肉醬、沙茶醬。

材料

A

科學麵1包（約40g）

豬肉片30g

B

青江菜1株（約35g）

草菇3個（約15g）

紅蘿蔔30g

貢丸1個（約20g）

筍片30g

調味料

A

香油2大匙

醬油1小匙

烏醋1小匙

B

太白粉1/2小匙

作法

1　將青江菜洗淨切小段；草菇洗淨對切；紅蘿蔔去外皮，洗淨後切薄片；貢丸洗淨切片；筍片洗淨，備用。

2　先用熱開水煮科學麵1分鐘，將麵條取出備用。

3　香油倒入不沾鍋，以小火加熱，將麵條平鋪於不沾鍋裡煎3分鐘，定型後再翻面續煎1分鐘即可倒入平盤。

4　同一個不沾鍋，放入豬肉片，以中火拌炒，再加入筍片、紅蘿蔔片、草菇及貢丸，加入1湯匙剛剛泡麵的水於鍋中，放入青江菜拌開，以醬油和烏醋調味。

5　待食材煮滾沸時，以少許水調太白粉，以劃小圓方式倒入鍋中勾縴，滾沸後淋在煎成酥香的泡麵上即完成。

泡麵酥脆餅

份量｜1人

材料

A

小蘇打餅乾**3**包（約**75g**）

三明治鮪魚罐頭**2**大匙

B

小黃瓜**30g**

起司片**4**片

蕃茄片**30g**

綜合果乾**20g**

調味料

A

胡椒粉適量

餅乾三明治

份量｜ **2** 人

作法

1　打開烤箱開關，預熱至**120**℃備用。

2　小黃瓜洗淨切小薄片；每片起司對折成四小片；鮪魚料以湯匙壓
　除油質湯汁，備用。

3　將蘇打餅乾平排於烤盤上，每片上面鋪一小片起司片，放入已預
　熱的烤箱，將溫度調至**200**℃烤至起司片融化即可，不需要烤上
　色。

4　取出烤盤，鋪上小黃瓜片，以鮪魚料及胡椒粉點綴，或者放上蕃
　茄片、綜合果乾直接食用，或兩片餅乾合在一起變成三明治。

Tips

這是一道快速又可以多變化的宵
夜點心，不加任何食材，單單是
烤溫熱的起司餅乾，都能讓人一
片接著一片吃。

冰箱若有義大利麵醬也可以直接
淋在融化的起司片餅乾上，或切
片的奇異果、草莓等，只要家中
有的食材都可以搭配。

材料

A

鮭魚生魚片**180g**

蕃茄**1**個（約**80g**）

紅洋蔥**50g**

酪梨肉**50g**

B

檸檬**1**個

新鮮巴西里碎**3g**

調味料

A

冷壓橄欖油**1.5**大匙

鹽**1/2**小匙

黑胡椒粉少許

作法

1 將紅洋蔥去表皮，洗淨切小丁；蕃茄去蒂頭，洗淨切小丁；酪梨切小丁；以上三項食材放入大碗備用。

2 檸檬洗淨外皮，以刮皮刀取少量的檸檬皮備用，將檸檬對切，以叉子擠壓一半的檸檬汁於酪梨沙拉中，加入調味料**A**、巴西里碎一起拌勻備用。

3 取一乾淨砧板，將鮭魚生魚片和少量的檸檬皮一起切小丁備用。

4 將乾淨圓模型放在平盤，以湯匙取一半的酪梨沙拉放入圓模，輕壓至平整，上面加上一半量的鮭魚丁，再輕輕拉起圓模型。

5 將剩下的食材製作另一份，完成後將酪梨沙拉裡剩下的油汁淋於最上面，再擠少許檸檬汁即完成。

鮭魚酪梨韃靼

份量｜**2**人

Tips

「韃靼」源自於希臘神話的 **Tartaros**，是用來稱呼當時西征的蒙古人，進而將他們逐水草而居的食肉習慣統稱為韃靼。

在鋪疊酪梨沙拉時，記得盡量瀝出醬汁，因為底層含湯汁量一多，不容易定型。

升官發材板

份量 | **2**人

材料

A

白醬義大利麵**1**份（約**200g**）

美生菜**50g**

火腿片**1**片（約**45g**）

鮮香菇**1**朵（約**10g**）

熟玉米粒**30g**

B

厚片吐司**1**個（約**125g**）

調味料

A

鮮奶**100cc**

中筋麵粉**1**小匙

B

胡椒粉適量

Tips

白醬義大利麵可以用燉飯或炒飯替代，食材方面若有海鮮料，例如：蝦仁或花枝，都可以適量加入增添口感。

在最上面可以蓋上一片起司片，只要起司片微融，與內餡拌勻後不輸任何五星級料理。

作法

1 美生菜洗淨切小片；火腿片切小丁；鮮香菇洗淨，去蒂頭切小丁，備用。

2 以**120**℃預熱烤箱**10**分鐘，等待的同時以剪刀剪掉厚片吐司中心部分（四周及底部留約**0.8**公分厚度）（圖**1**、**2**），再放入烤箱烤**5**分鐘，讓挖空心部分微酥黃（圖**3**、**4**）。

3 鮮奶加入中筋麵粉拌勻，倒入不沾鍋加熱的同時，加入香菇丁、火腿丁、玉米粒及白醬義大利麵及料，煮滾沸後熄火。

4 將美生菜拌入義大利麵醬，舀入厚片吐司（圖**5**），再放入烤箱烤**3**分鐘即完成，食用前撒上適量胡椒粉調味即可。

越式風味鹹水雞卷

份量 | 2 人

材料

A

小越南春卷皮6片（約20g）

香菜適量

花生粉適量

B

鹹水雞料

鹹水雞腿肉1份（約125g）

熟四季豆2份（約90g）

小黃瓜1條（約70g）

熟黑木耳1份（約55g）

調味料

A

魚露1大匙

檸檬汁1大匙

水1大匙

細砂糖1小匙

辣椒末適量

胡椒鹽適量

作法

1. 將調味料A全部拌勻即為魚露沾醬，再依個人喜好加入適量的辣椒末備用。

2. 取一平盤（大過春卷皮），倒入適量冷開水，將一張米紙浸泡在水裡，兩面各沾一下水後立刻拿起，鋪在盤上，在中間依序放上適量花生粉、黑木耳、小黃瓜、鹹水雞肉、四季豆。

3. 再拉起一邊春卷皮覆蓋在食材上慢慢捲起成條，食用時依個人喜好直接食用或沾魚露沾醬即可。

Tips

越南春卷皮是用糯米製作，在超市或專賣越南雜貨舖都可以買到。除了炸春卷比較常見外，包捲燙熟的海鮮料、蔬菜及粉絲後，再沾醬食用也很受歡迎，如同食譜所示範的方式與夜市美食作變化。

材料

A

滷味

滷鴨心6個（約60g）

滷鴨胗1個（約40g）

滷鴨翅2隻（約220g）

滷甜不辣3片（約100g）

滷豬血糕1條（約125g）

B

洋蔥碎3大匙

蒜末1大匙

辣椒末1小匙

蔥末3大匙

D

芭樂100g

美生菜120g

調味料

A

胡椒粉適量

作法

1 將芭樂洗淨，去籽後切小塊；美生菜洗淨撥塊，泡入冰開水，備用。

2 不沾鍋以小火加熱，先放入洋蔥碎、蒜末炒出香味後，再加入各項滷味拌炒均勻且受熱，同時將冰鎮的美生菜瀝除水分，平鋪於盤上備用。

3 待滷味熱，加入辣椒末及蔥末、胡椒粉繼續拌炒均勻且入味，熄火後再加入芭樂塊拌開，與美生菜搭配著吃即可。

椒鹽瘋滷味　　份量 | 2人

Tips

滷味品項可以依個人喜好變化，因為食材口味較重，所以用蔬果類來調整，不但攝取纖維質，亦豐富原本單一的味道。

義大利麵蛋卷

份量 | **2** 人

材料

A

義大利肉醬麵**1/2**包（約**100g**）

雞蛋**4**個

青椒丁**30g**

黃甜椒丁**30g**

調味料

A

鹽**1/2**小匙

雞粉**1/2**小匙

味醂**1**大匙

水**30cc**

B

沙拉油**2**大匙

Tips

在製作蛋卷的過程中，擦拭鍋裡的油、以竹筷攪拌蛋汁、離火這三個步驟是為了讓蛋汁能均勻受熱、保持蛋皮濕軟口感且不老的煎蛋模式。

作法

1 將雞蛋打入大碗，加入調味料**A**一起攪打均勻後過篩備用。

2 將沙拉油倒入玉子煎蛋鍋，以小火加熱後倒出多餘的油，再放回爐上加熱，以擦手紙將油擦拭均勻後，倒入一半量蛋汁（圖**1**），並用長竹筷快速攪拌數下（圖**2**），讓蛋汁均勻受熱後先離火。

3 將肉醬麵平鋪於蛋皮一半處，撒上青椒丁、黃甜椒丁（圖**3**），以竹筷將蛋從外往內捲起來（圖**4**），推至鍋邊，再放回爐上加熱定型，先等**30**秒後再翻轉蛋捲續加熱，直到表面皆上色即完成（圖**5**）。

4 將剩下的蛋汁倒入鍋內，依照作法**2**、**3**完成另一份蛋卷。

醬 炒 蘿 蔔 糕

份量｜2 人

材料

A

熟蘿蔔糕250g

韭黃50g

香菜10g

蒜苗30g

雞蛋1個

調味料

A

沙拉油1.5大匙

B

XO醬1大匙

米酒2大匙

醬油膏1大匙

白胡椒粉適量

作法

1　韭黃、香菜、蒜苗洗淨，全部切小段；蘿蔔糕切小塊，備用。

2　不沾鍋加入調味料A中的1大匙沙拉油，以中火加熱，放入蘿蔔糕，以中小火煎至表面上色，盛出備用。

3　將蛋打入原平底鍋，快速拌炒至蛋汁結塊即可盛出備用。

4　原平底鍋以中火持續加熱，加入剩餘0.5大匙沙拉油爆香XO醬，並將切好的蒜苗及韭黃放入鍋中拌炒數秒，倒入米酒、醬油膏和韭黃續拌炒至蔬菜熟軟。

5　加入蘿蔔糕、蛋、香菜拌炒均勻，撒上白胡椒粉炒勻即可盛盤。

Tips

因為XO醬和蘿蔔糕已有鹹度，所以只加入醬油膏調合味道；若需另外加辣或少量烏醋都能讓口味更為豐富。

蔬菜類可以依個人喜好調整，高麗菜、洋蔥或蘆筍都很適合。

材料

A

熟水餃1包（約175g）

韓式泡菜60g

牛肉片50g

高麗菜80g

蔥1支（約30g）

調味料

A

沙拉油1小匙

B

韓式辣椒醬1小匙

醬油1小匙

米酒1大匙

細砂糖1/2小匙

作法

1　高麗菜洗淨切成小片；蔥洗淨切小段，備用。

2　取一不沾鍋，加入沙拉油，以小火加熱，先爆香蔥段，加入高麗菜及調味料B拌炒均勻。

3　加入牛肉片、熟水餃，繼續拌炒至肉片熟透即完成。

高麗菜辣金元寶

份量｜ 1 人

Tips

牛肉片是為了增加泡菜的風味，若沒有，則可以省略；高麗菜可以用現有的蔬菜，例如：青江菜或菠菜替代。

市售泡菜大多含鹽度較高，在加熱拌炒後不小心就容易過鹹，此時少量的細砂糖可以調合，也提升這道菜的美味度。

蘑菇醬薯片

份量 | **2** 人

材料

A
熟無鹽薯條**300g**
蘑菇**100g**
洋蔥末**100**
蒜末**1**大匙
鮮奶油**60cc**
高湯**200cc**

調味料

A
中筋麵粉**1**大匙
無鹽奶油**1**大匙
鹽少許
B
蕃茄醬**1.5**大匙
醬油**1**大匙
粗黑胡椒粉**1**大匙

作法

1　蘑菇洗淨切片；中筋麵粉倒入高湯拌勻，備用。

2　不沾鍋以小火加熱，放入奶油炒香洋蔥末和蒜末，再加入調味料 **B**、蘑菇片，繼續拌炒至蔬菜熟軟。

3　加入作法**1**高湯及鮮奶油拌勻至煮沸，轉小火續煮**3**分鐘，期間需不時攪拌，熄火前加入鹽調味即為蘑菇醬。

4　將熟無鹽薯條鋪於平盤，淋上蘑菇醬即可食用。

Tips

蘑菇醬是西式醬料的基本款，做好後可以用保鮮盒保存，放在冰箱能保鮮 5 ～ 7 天。

蘑菇醬除了常搭配牛排或豬排外，還可以將醬汁與肉片一起煮熟，淋在白飯或煮好的麵條上，拌勻後又是一道非常快速美味的料理。

材料

A

熟豬肉丸子**4**個（約**130g**）

娃娃菜**1**包（約**80g**）

紅蘿蔔**30g**

B

無糖豆漿**1**盒**450cc**

蔥花**1**大匙

調味料

A

低筋麵粉**1**小匙

水**2**大匙

B

鹽**1/2**小匙

黑胡椒粉**1/2**小匙

C

起司粉適量

作法

1　將娃娃菜洗淨，放入滾水汆燙**5**分鐘後取出；紅蘿蔔去外皮，洗淨切細絲；低筋麵粉與水調勻，備用。

2　取一小湯鍋，放入材料**A**，倒入豆漿，以微小火慢慢加熱至滾沸狀態。

3　加入調味料**B**拌勻，再倒入調勻的麵粉水煮滾，加入蔥花、起司粉裝飾即完成。

豆奶獅子頭鍋

份量｜1人

Tips

娃娃菜可以用火鍋常用的白菜、高麗菜替代；若買不到豬肉丸子，也可以市售鹽酥雞或排骨酥替換。

在加熱過程中需不時攪拌，因為豆漿很容易焦底。

餐桌剩菜 變化和保存法

剩菜放心保存安心吃

餐桌上沒吃完的剩菜,能放多久呢?事實上,許多食物在肉眼能看出腐壞前,就已開始變質,尤其是葉菜類,或多或少都含有硝酸鹽,反覆加熱或長時間冰存,滋生的細菌會將硝酸鹽還原成亞硝酸鹽,所以,再怎麼美味的食物,都是有其一定的賞味期限。要如何保存剩菜又能放心吃,需把握如下幾個重點。但是,隔夜菜最好盡快食用完畢,不要重複加熱、冰存、再加熱,不僅菜色發黃變質變味外,所產生的不好物質可能就在不知不覺中,危害了我們的健康。

放室溫不宜久留

剛烹調完成的菜餚,可以將要吃的部分先取出,剩下的部分只要稍微變涼後就可以先放進冰箱保存。因為放置室溫一段時間,又被湯匙筷子翻動過,細菌就開始滋生,尤其是夏天溫度較高時,食物更容易變質,建議菜餚放涼後,立刻放入冰箱冷藏,越能保持食物的安全性。同時要注意冰箱保冰溫度需足夠,也就是不能把它當作萬能,東西冰得太滿,溫度又不夠冷,反而成了滋生細菌的大溫床。

慎選保存容器

保存剩菜最安全的容器為瓷器（表面不要有過多釉料或非彩色圖案為宜）、或不銹鋼材質、玻璃材質製為佳。因為肉類、起司等含有較高的油脂，或者偏酸性口味、溫度較高、含酒的食物等，若以塑膠袋或塑膠容器裝盛，很容易就溶出可塑劑；而鋁製鍋碗容易和食物交互產生化學反應產生對健康有害的物質。喝不完的湯品最好是以玻璃器皿、砂鍋等裝盛，放涼後蓋上蓋子，再放入冰箱最裡面，讓整體溫度盡快冷卻到冷藏室的低溫狀態。

不適合隔夜冰存的食物

海鮮食材不建議隔夜保存，即使冷藏保存，仍會產生蛋白降解物，而滋生細菌造成腐壞，吃了會損傷肝腎功能或腸胃，建議當天食用完畢。涼拌生菜沙拉類，因為加了調味料的生菜葉，容易出水變質而造成腸胃不適。沒有完全煮熟的蛋在冰存過程中容易滋生細菌，而造成腸胃不適、脹氣等問題，最好是當下就吃完；若是水煮蛋或茶葉蛋就可以放入冰箱保鮮。

剩菜變化驚喜料理

隔夜飯菜除了直接加熱食用方式外，有幾種方法可以變化口味，例如：炒米粉能使用越南春卷皮包捲食用；炒飯則可以壓成小飯糰球狀，放入不沾鍋裡，以小火煎到表面酥香。冰存的湯汁在加熱的同時，放些青菜和肉片，煮成鹹粥或湯麵，加個蛋就能解決一餐。濃湯醬汁類，則可以與煮熟的義大利麵條或白飯一起燉煮入味，或加上起司絲焗烤至表面呈現金黃色，總能百吃不厭。若有一鍋滷肉汁，加入冬瓜、高麗菜，煮到軟嫩熟透了，吃多了也不必擔心熱量太高。

二魚文化　魔法廚房 M059

宵夜快樂　低卡‧快速‧方便‧美味

作　　者	黃筱蓁
熱量分析	黃雅慧（市立和平醫院營養師）
攝　　影	周禎和
編輯主任	葉菁燕
文　　字	黃筱蓁、燕湘綺
美術設計	費得貞
讀者服務	詹淑真

出 版 者	二魚文化事業有限公司
	地址　106 臺北市大安區和平東路一段 121 號 3 樓之 2
	網址　www.2-fishes.com
	電話　(02)23515288
	傳真　(02)23518061
	郵政劃撥帳號 19625599
	劃撥戶名　二魚文化事業有限公司
法律顧問	林鈺雄律師事務所

總 經 銷	大和書報圖書股份有限公司
	電話　(02)8990-2588
	傳真　(02)2290-1658

製版印刷	彩峰造藝印像股份有限公司
初版一刷	二〇一四年一月
I S B N	978-986-5813-17-8
定　　價	三二〇元

國家圖書館出版品預行編目資料

宵夜快樂-低卡‧快速‧方便‧美味/黃筱蓁 著.
- 初版. -- 臺北市：二魚文化, 2014.01
面；18.5×24.5公分. -- (魔法廚房；M059)
ISBN 978-986-5813-17-8

1.食譜 2.料理

427.16　　　　　　　　　　　102026016

感謝您購買此書，為了更貼近讀者的需求，出版您想閱讀的書籍，請撥冗填寫回函卡，二魚將不定時提供您最新出版訊息、優惠活動通知。

若有寶貴的建議，也歡迎您 e-mail 至 2fishes@2-fishes.com，我們會更加努力，謝謝！

姓名：＿＿＿＿＿＿＿＿＿　性別：□男　□女　職業：＿＿＿＿＿＿＿

出生日期：西元 ＿＿＿ 年 ＿＿ 月 ＿＿ 日 E-mail：＿＿＿＿＿＿＿＿＿＿＿＿＿＿＿＿

地址：□□□□□ ＿＿＿＿＿ 縣市 ＿＿＿＿＿＿ 鄉鎮市區 ＿＿＿＿＿ 路街 ＿＿＿ 段 ＿＿＿

巷 ＿＿＿ 弄 ＿＿＿ 號 ＿＿＿ 樓

電話：（市內）＿＿＿＿＿＿＿＿＿　（手機）＿＿＿＿＿＿＿＿＿＿＿

1. 您從哪裡得知本書的訊息？

□逛書店時　　　　　　　　　　　　□看報紙（報名：＿＿＿＿＿＿＿）
□逛便利商店時　　　　　　　　　　□聽廣播（電臺：＿＿＿＿＿＿＿）
□上量販店時　　　　　　　　　　　□看電視（節目：＿＿＿＿＿＿＿）
□朋友強力推薦　　　　　　　　　　□其他地方，是 ＿＿＿＿＿＿＿＿
□網路書店（站名：＿＿＿＿＿＿＿）

2. 您在哪裡買到這本書？

□書店，哪一家 ＿＿＿＿＿＿＿＿　　□網路書店，哪一家 ＿＿＿＿＿＿＿
□量販店，哪一家 ＿＿＿＿＿＿＿　　□其他 ＿＿＿＿＿＿＿＿＿＿＿＿
□便利商店，哪一家 ＿＿＿＿＿＿＿

3. 您買這本書時，有沒有折扣或是減價？

□有，折扣或是買的價格是 ＿＿＿＿＿＿＿
□沒有

4. 這本書哪些地方吸引您？（可複選）

□主題剛好是您需要的　　　　　　　□有許多實用資訊
□是您喜歡的作者　　　　　　　　　□版面設計很漂亮
□食譜品項是您想學的　　　　　　　□攝影技術很優質
□有重點步驟圖　　　　　　　　　　□您是二魚的忠實讀者

5. 哪些主題是您感興趣的？（可複選）

□快速料理　□經典中國菜　□素食西餐　□醃漬菜　□西式醬料　□日本料理　□異國點心　□電鍋菜　□烹調秘笈
□咖啡　□餅乾　□蛋糕　□麵包　□中式點心　□瘦身食譜　□嬰幼兒飲食　□體質調整　□抗癌　□四季養生
□其他主題，如：＿＿＿＿＿＿＿＿＿＿＿＿＿＿＿＿

6. 對於本書，您希望哪些地方再加強？或其他寶貴意見？

＿＿＿＿＿＿＿＿＿＿＿＿＿＿＿＿＿＿＿＿＿＿＿＿＿＿＿＿＿＿＿＿＿＿＿＿＿

＿＿＿＿＿＿＿＿＿＿＿＿＿＿＿＿＿＿＿＿＿＿＿＿＿＿＿＿＿＿＿＿＿＿＿＿＿

106 臺北市大安區和平東路一段 121 號 3 樓之 2

二魚文化事業有限公司　收

請沿線剪下後，對折以膠帶黏貼，免貼郵票，直接投入郵筒寄回！

M059　　宵夜快樂

魔法廚房系列

Magic★ Kitchen

●姓名

●地址